"十二五"职业教育国家规划教材 修订版

经全国职业教育教材审定委员会审定

高等职业技术教育机电类专业系列教材

组态控制实用技术

第 3 版

主　编　陈志文

副主编　吴　超　余文伟

参　编　邹剑翔　谢小敏

主　审　华祖银

机械工业出版社

本书是"十二五"职业教育国家规划教材的修订版。

本书内容包括：水位控制系统设计，加热反应炉系统设计，液力变扭箱数据采集系统设计，水塔供水的变频控制，点胶机器人生产线现场总线网络的设计等。通过实际工程项目，详细介绍了组态控制技术通用版、嵌入版的运用方法，组态软件与PLC控制系统，组态软件与板卡控制系统，组态软件、下位机PLC驱动变频器的以太网络通信控制等，创建了一套以计算机、PLC、通信技术为主线，理论完整、工程实践性强的课程和教学内容新体系。

本书是根据高职高专电气自动化技术专业、工业机器人专业和机电一体化技术专业的培养目标，兼顾其他专业培养方案，按活页式课程改革要求编写而成的理论实践一体化教学参考用书。依照相关专业的培养目标和企业实用职业技能的要求，采用模块—任务教学模式，科学设置教学目标、工作任务、能力训练、理论知识、拓展知识和练习，比较符合高职教育规律，符合高职学生认知特点。

本书内容浅显易懂，编写新颖，实用性、创新性强，贴近生产实际，突出表现了组态控制技术的职业教育特色。本书是针对高职高专院校电类专业学生编写的活页式教材，也可以供从事组态控制开发应用的工程技术人员参考。为方便教学，本书配有免费电子课件、课程标准、教学录像（以二维码形式嵌入书中相应位置）、案例等，凡选用本书作为授课教材的教师，均可来电免费索取。咨询电话：010-88379375，或登录www.cmpedu.com网站，注册、免费下载。

图书在版编目（CIP）数据

组态控制实用技术/陈志文主编．—3版．—北京：机械工业出版社，2021.8（2023.1重印）

"十二五"职业教育国家规划教材：修订版　高等职业技术教育机电类专业系列教材

ISBN 978-7-111-69011-5

Ⅰ．①组… Ⅱ．①陈… Ⅲ．①自动控制—高等职业教育—教材 Ⅳ．①TP273

中国版本图书馆 CIP 数据核字（2021）第 171825 号

机械工业出版社（北京市百万庄大街22号　邮政编码100037）
策划编辑：于　宁　责任编辑：于　宁
责任校对：梁　静　封面设计：鞠　杨
责任印制：李　昂
北京捷迅佳彩印刷有限公司印刷
2023年1月第3版第3次印刷
184mm×260mm・14印张・343千字
标准书号：ISBN 978-7-111-69011-5
定价：43.80元

电话服务　　　　　　　　网络服务
客服电话：010-88361066　　机　工　官　网：www.cmpbook.com
　　　　　010-88379833　　机　工　官　博：weibo.com/cmp1952
　　　　　010-68326294　　金　书　网：www.golden-book.com
封底无防伪标均为盗版　　　机工教育服务网：www.cmpedu.com

FOREWORD 前 言

本次再版主要是根据对接最新行业、职业标准和岗位规范，对原有项目式教材进行了活页式教材设计方案，并基于该方案设计出线上线下混合教学实施方案，符合现代信息技术条件下学情和培养目标要求，对培养德技并修的高素质劳动者和技术技能人才有着积极的促进作用。

随着我国工业现代化水平的快速提高，计算机技术在工业控制领域的广泛应用，人们对人机界面交互的工业控制自动化要求也越来越高，各种各样的控制设备和过程监控装置在工业领域的应用，使得传统的工业控制软件已无法满足用户的各种需求。

本书把 MCGS 组态软件的使用方法、上位机界面设计及数字/模拟量的处理方法、可编程序控制器的使用、研华 PCL_ 818L 数据采集卡的使用以及 PowerFlex40 变频器 PLC 之间的工业以太网通信等人机界面控制需要的内容有机地结合起来，即把工业自动化、计算机技术所需的现代工业监控知识都集中在本书中，它不仅避免了内容的重复，而且加强了系统性，理论联系实际，使读者学习之后可以对工业自动化、计算机技术的监控知识有比较全面系统的了解和掌握。

本书力求突出人机界面控制与上位机控制相关内容有机结合的特点，通过内容精选、整合和优化，以满足高等职业院校课程体系改革要求。

本书共分 5 个模块。基于初学者的接受能力，第一个模块以模块为依托，通过水位控制系统设计，使广大初学者能基本了解 MCGS 的使用方法；第二个模块重点介绍 MCGS 安全机制设置及多台 PLC 的连接方法及数字/模拟量的处理方式；第三个模块介绍了研华 PCL_ 818L 数据采集卡的设置、调试以及工程数据的处理方法；第四个模块介绍了 COMPACTLOGIX PLC 的基本设计方法；第五个模块分析了网络控制技术 RSLogix 5000、RSView32 软件的使用、上位机组态软件与下位机 PLC 之间通信的方法以及对连接在以太网上的上位机、下位机、变频器等设备的联网调试方法。同时，在各模块后面附有思考题或习题，供学生复习与练习使用。由于学时的限制，课堂上只能讲授书中一些基本内容，许多内容可在教师指导下由学生自学或作为参考之用。

本书通过案例或任务激发学生的学习兴趣，通过实践操作检验学生的学习成果。在活页式教材的设计过程中，突出操作过程的规范和完整，成果的可检测、可验证。课堂讲授的基本内容可由教师根据授课专业的需要在教学过程中灵活掌握。

本书由常州机电职业技术学院陈志文任主编，负责全书的内容结构安排、工作协调及统稿工作。具体编写分工为：模块一、二由陈志文编写，模块三、四由吴超编写，模块五由余文伟编写。邹剑翔、谢小敏参与了本书电子课件、课程标准、教学录像、案例设计等资源建设的相关工作。本书由华祖银主审。

本书在编写过程中得到了学院高职研究所、教务处、电气工程学院领导及有关教研室同志的大力支持与协助，在此一并表示感谢。

本书内容涉及面广，编写难度大，由于编者水平所限，难免挂一漏万，欢迎广大读者批评指正。

编 者

二维码索引

页码	名称	二维码	页码	名称	二维码
1	模块一		67	模块二任务2	
2	模块一任务1		104	模块三任务1	
10	模块一任务2		112	模块三任务2	
57	模块二		114	模块三任务3	
57	模块二任务1		161	模块四任务2	

CONTENTS 目录

前言
二维码索引

模块一　水位控制系统设计 ……………… 1
任务 1　水位控制工程文件建立 …………… 2
任务 2　水位控制画面设计 ………………… 10
任务 3　模拟设备连接 ……………………… 23
任务 4　报警显示与报警数据输出 ………… 35
任务 5　nTouch 嵌入式系统设计 ………… 47

模块二　加热反应炉系统设计 …………… 57
任务 1　工程分析 …………………………… 57
任务 2　上位机设计 ………………………… 67
任务 3　上、下位机连接 …………………… 81
任务 4　下位机设计 ………………………… 93
任务 5　安全机制设置 ……………………… 99

模块三　液力变扭箱数据采集系统设计 … 104
任务 1　工程分析 …………………………… 104
任务 2　数据对象定义 ……………………… 112
任务 3　主控窗口菜单组态 ………………… 114
任务 4　界面编辑 …………………………… 118
任务 5　设备组态 …………………………… 139

模块四　水塔供水的变频控制 …………… 144
任务 1　上位机界面设计 …………………… 145
任务 2　PLC 软件的设计 …………………… 161
任务 3　变频器的参数设置 ………………… 165
任务 4　OPC 设备通信设置及模拟测试 …… 169

模块五　点胶机器人生产线现场总线
　　　　网络的设计 ……………………… 177
任务 1　网络方案的确定 …………………… 177
任务 2　控制器的程序编写 ………………… 191
任务 3　上位机界面的制作 ………………… 199
任务 4　系统的通信及控制调试 …………… 206

附录 ………………………………………… 213
附录 A　MCGS 支持的硬件 ………………… 213
附录 B　MCGS 编辑菜单一览表 …………… 214
附录 C　MCGS 查看菜单一览表 …………… 214
附录 D　MCGS 排列菜单一览表 …………… 215

参考文献 …………………………………… 217

模块一
水位控制系统设计

一、教学目标

终极目标：能应用通用版及嵌入版 MCGS 组态软件基本功能进行简单项目设计、仿真运行。

促成目标：

1）掌握 MCGS 通用版及嵌入版基本操作，完成工程分析及变量定义。
2）掌握简单界面设计，完成数据对象定义及动画连接。
3）掌握模拟设备连接方法，完成简单脚本程序编写及报警显示。
4）掌握制作工程报表及曲线的方法。

二、工作任务

用 MCGS 通用版及嵌入版分别完成图 1-1 所示水位控制系统的设计、仿真运行。

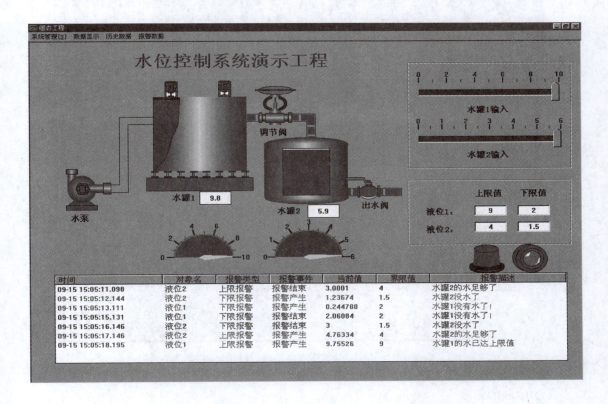

图 1-1　水位控制系统

任务 1　　水位控制工程文件建立

一、教学目标
终极目标：能建立 MCGS 新工程。
促成目标：
1）掌握 MCGS 组态软件的安装与运行方法。
2）能进行工程分析，建立工程文件。

二、工作任务
建立水位控制系统工程文件。

三、能力训练
MCGS（Monitor and Control Generated System，通用监控系统）是一套用于快速构造和生成计算机监控系统的组态软件，充分利用了 Windows 图形功能完备、界面一致性好、易学易用的特点，比以往使用专用机开发的工业控制系统更具有通用性，在自动化领域有着更广泛的应用。MCGS 在油库装卸控制系统中的应用举例如图 1-2 所示。

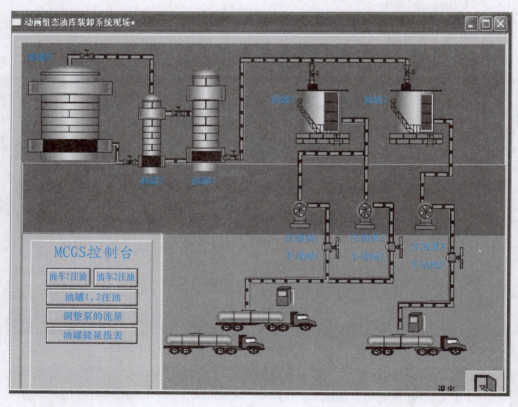

图 1-2　MCGS 在油库装卸控制系统中的应用

1. MCGS 的安装
1）启动 Windows。

2）在相应的驱动器中插入光盘。插入光盘后会自动弹出 MCGS 安装程序窗口（如没有窗口弹出，则从 Windows 的"开始"菜单中选择"运行…"命令，运行光盘中的 Auto-Run.exe 文件），MCGS 安装程序窗口如图 1-3 所示。

3）在安装程序窗口中选择"安装 MCGS 组态软件通用版"，启动安装程序开始安装。安装程序将提示指定安装目录，用户不指定时，系统默认安装到 D：\MCGS 目录下，如图 1-4 所示。

 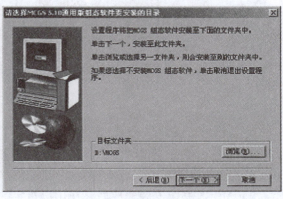

图 1-3　MCGS 安装程序窗口　　　　　　　　　图 1-4　安装目录

安装过程大约要持续数分钟，MCGS 系统文件安装完成后，安装程序要建立像标群组和安装数据库引擎，这一过程可能持续几分钟，请耐心等待。

4）安装完成后，安装程序将弹出"设置完成"对话框，上面有两个复选框："是，我现在要重新启动计算机"和"不，我将稍后重新启动计算机"。一般在计算机上初次安装时需要选择"是，我现在要重新启动计算机"，如图 1-5 所示，单击"结束"按钮，操作系统重新启动，完成安装。如果选择"不，我将稍后重新启动计算机"，单击"结束"，系统将弹出警告提示，提醒"请重新启动计算机后再运行 MCGS 组态软件"。

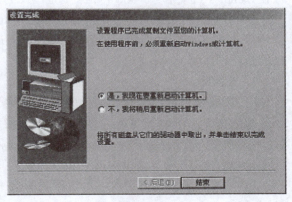

图 1-5　安装完成对话窗口

5）安装完成后，Windows 操作系统的桌面上添加了图 1-6 所示的两个图标，分别用于启动 MCGS 组态环境和运行环境。

同时，Windows"开始"菜单中也添加了相应的 MCGS 程序组，如图 1-7 所示。MCGS 程序组包括五项：MCGS 电子文档、MCGS 运行环境、MCGS 自述文件、MCGS 组态环境以及卸载 MCGS 组态软件。运行环境和组态环境为软件的主体程序，自述文件描述了软件发行时的最后信息，MCGS 电子文档则包含了有关 MCGS 最新的帮助信息。

图 1-6　MCGS 桌面图标

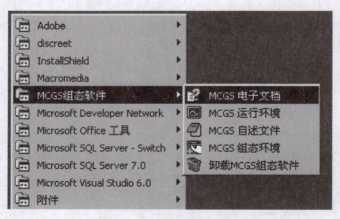

图 1-7　MCGS 程序组

2. MCGS 的运行方式

1）MCGS 系统分为组态环境和运行环境两个部分。可执行文件 McgsSet.exe 对应于 MCGS 系统的组态环境，可执行文件 McgsRun.exe 对应于 MCGS 系统的运行环境。

2）MCGS 系统安装完成后，在用户指定的目录（或系统默认目录 D:\MCGS）下创建有三个子目录：Program、Samples 和 Work。组态环境和运行环境对应的两个可执行文件以及 MCGS 中用到的设备驱动、动画构件及策略构件存放在子目录 Program 中，样例工程文件存放在 Samples 目录下，Work 子目录则是用户的默认工作目录。

3）分别运行可执行程序 McgsSet.exe 和 McgsRun.exe，就能进入 MCGS 的组态环境和运行环境。安装完毕后，运行环境能自动加载并运行样例工程。用户可根据需要创建和运行自己的新工程。

3. 工程建立

1）用鼠标单击"文件"菜单中的"新建工程"选项，如果 MCGS 安装在 D 盘根目录下，则会在 D:\MCGS\Work\下自动生成新建工程，默认的工程名为："新建工程 X.MCG"（X 表示新建工程的顺序号，如：0、1、2 等）。

2）选择"文件"菜单中的"工程另存为"菜单项，将弹出文件保存窗口。

3）在文件名一栏内输入"水位控制系统 + 班级 + 学号"，单击"保存"按钮，工程即创建完毕。

注意：文件名中不能包含空格，否则 MCGS 拒绝运行。

4. 工程分析

工程组态好后，最终效果如图 1-8 所示。水位控制系统的组态过程涉及动画制作、控制流程的编写、模拟设备的连接、报警输出、报表曲线显示与打印等多项组态操作。水位控制需要采集两个模拟数据：液位 1（最大值 10m）和液位 2（最大值 6m）；三个数字数据：水泵、调节阀和出水阀。

对于一个工程设计人员来说，要想快速、准确地完成一个工程项目，首先要了解工程的系统构成和工艺流程，明确主要的技术要求，搞清工程所涉及的相关硬件和软件。在此基础上，拟订组建工程的总体规划和设想，比如：控制流程如何实现，需要什么样的动画效果，

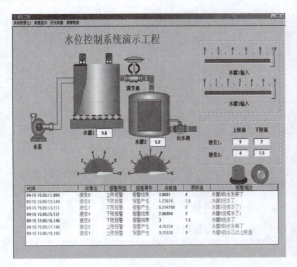
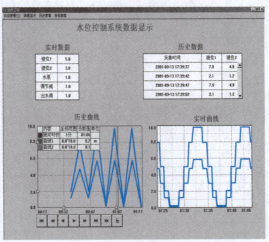

a) 主画面　　　　　　　　　　　　　　　　b) 数据显示画面

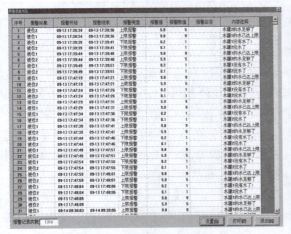

c) 报警数据　　　　　　　　　　　　　　　d) 历史数据

图 1-8　水位控制系统最终效果图

应具备哪些功能，需要何种工程报表，是否需要曲线显示等。只有这样，才能在组态过程中有的放矢，尽量避免无谓的劳动，以达到快速完成工程项目的目的。

（1）工程的框架结构　本工程定义的名称为"水位控制系统.mcg"，由五大窗口组成。总共建立了两个用户窗口，四个主菜单，分别作为水位控制、报警显示、曲线显示、数据显示，构成了本工程的基本骨架。

（2）输入、输出设备的变量分析　对本工程变量分析如下：

1）水泵的起停：开关量输出。
2）调节阀的开启关闭：开关量输出。
3）出水阀的开启关闭：开关量输出。
4）水罐1、2液位指示：模拟量输入。

据此产生本工程中与动画和设备控制相关的变量名称，见表1-1。

表 1-1　工程中与动画和设备控制相关的变量名称

变量名称	类型	注释
水泵	开关型	控制水泵"起动""停止"的变量
调节阀	开关型	控制调节阀"打开""关闭"的变量
出水阀	开关型	控制出水阀"打开""关闭"的变量
液位 1	数值型	水罐 1 的水位高度,用来控制水罐 1 水位的变化
液位 2	数值型	水罐 2 的水位高度,用来控制水罐 2 水位的变化
液位 1 上限	数值型	用来在运行环境下设定水罐 1 的上限报警值
液位 1 下限	数值型	用来在运行环境下设定水罐 1 的下限报警值
液位 2 上限	数值型	用来在运行环境下设定水罐 2 的上限报警值
液位 2 下限	数值型	用来在运行环境下设定水罐 2 的下限报警值
液位组	组对象	用于历史数据、历史曲线、报表输出等功能构件

四、理论知识

1. 什么是 MCGS？其主要特点和基本功能有哪些

MCGS（Monitor and Control Generated System，通用监控系统）是一套用于快速构造和生成计算机监控系统的组态软件,它能够基于 Microsoft（各种 32 位 Windows 平台）运行,通过对现场数据的采集处理,以动画显示、报警处理、流程控制、实时曲线、历史曲线和报表输出等多种方式向用户提供解决实际工程问题的方案,它充分利用了 Windows 图形功能完备、界面一致性好、易学易用的特点,比以往使用专用机开发的工业控制系统更具有通用性,在自动化领域有着更广泛的应用。MCGS 的主要特点和基本功能如下：

1）简单灵活的可视化操作界面。MCGS 采用全中文、可视化、面向窗口的开发界面,符合中国人的使用习惯和要求,以窗口为单位,构造用户运行系统的图形界面,使得 MCGS 的组态工作既简单直观,又灵活多变。用户可以使用系统的默认构架,也可以根据需要自己组态配置图形界面,生成各种类型和风格的图形界面,包括 DOS 风格的图形界面、标准 Windows 风格的图形界面以及带有动画效果的工具条和状态条等。

2）实时性强、良好的并行处理性能。MCGS 是真正的 32 位应用系统,充分利用了 32 位 Windows 操作平台的多任务、按优先级分时操作的功能,以线程为单位对在工程作业中实时性强的关键任务和实时性不强的非关键任务进行分时并行处理,使 PC 广泛应用于工程测控领域成为可能。例如 MCGS 在处理数据采集、设备驱动和异常处理等关键任务时,可在主机运行周期时间内分时处理打印数据等类似的非关键性工作,实现系统并行处理多任务、多进程的功能。

3）丰富、生动的多媒体画面。MCGS 以图像、图符、报表、曲线等多种形式,为操作员及时提供系统运行中的状态、品质及异常报警等有关信息；通过对图形大小的变化、颜色的改变、明暗的闪烁、图形的移动翻转等多种手段,增强画面的动态显示效果；在图元、图符对象上定义相应的状态属性,实现动画效果；MCGS 还为用户提供了丰富的动画构件,每个动画构件都对应一个特定的动画功能；MCGS 还支持多媒体功能,便于快速地开发出集图像、声音、动画于一体的漂亮、生动的工程画面。

4) 开放式结构，广泛的数据获取和强大的数据处理功能。MCGS 采用开放式结构，系统可以与广泛的数据源交换数据；MCGS 提供多种高性能的 I/O 驱动，支持 Microsoft 开放数据库互联（ODBC）接口，有强大的数据库连接能力；MCGS 全面支持 OPC（OLE for Process Control）标准，既可作为 OPC 客户端，也可以作为 OPC 服务器，可以和更多的自动化设备相连接；MCGS 通过 DDE（Dynamic Data Exchange，动态数据交换）与其他应用程序交换数据，充分利用计算机丰富的软件资源；MCGS 全面支持 ActiveX 控件，提供极其灵活的面向对象的动态图形功能，并且包含丰富的图形库。

5) 完善的安全机制。MCGS 提供了良好的安全机制，为多个不同级别用户设定不同的操作权限。此外，MCGS 还提供了工程密码、锁定软件狗、工程运行期限等功能，大大加强了保护组态开发者劳动成果的力度。

6) 强大的网络功能。MCGS 支持 TCP/IP、Modem、RS-485/ RS-422/ RS-232 等多种网络体系结构，使用 MCGS 网络版组态软件，可以在整个企业范围内，用 IE 浏览器方便地浏览到实时和历史的监控信息，实现设备管理与企业管理的集成。

7) 多样化的报警功能。MCGS 提供多种不同的报警方式，具有丰富的报警类型和灵活多样的报警处理函数，不仅方便用户进行报警设置，并且实现了系统实时显示、打印报警信息的功能。报警信息的存储与应答，为工业现场安全可靠地生产运行提供了有力的保障。

8) 实时数据库为用户分步组态提供了极大方便。MCGS 由主控窗口、设备窗口、用户窗口、实时数据库和运行策略五个部分构成，其中实时数据库是一个数据处理中心，是系统各个部分及其各种功能性构件的公用数据区，是整个系统的核心。各个部件独立地向实时数据库输入和输出数据，并完成自己的差错控制。在生成用户应用系统时，每一部分均可分别进行组态配置，独立建造，互不相干；而在系统运行过程中，各个部分都通过实时数据库交换数据，形成互相关联的整体。

9) 支持多种硬件设备，实现"设备无关"。MCGS 针对外部设备的特征，设立设备工具箱，定义多种设备构件，建立系统与外部设备的连接关系，赋予相关的属性，实现对外部设备的驱动和控制。用户在设备工具箱中可方便选择各种设备构件。不同的设备对应不同的设备构件，所有的设备构件均通过实时数据库建立联系，而建立时又是相互独立的，即对某一构件的操作或改动，不影响其他构件和整个系统的结构。因此，MCGS 是一个"设备无关"的系统，用户不必担心因外部设备的局部改动而影响整个系统。

10) 方便控制复杂的运行流程。MCGS 开辟了"运行策略"窗口，用户可以选用系统提供的各种条件和功能的策略构件，用图形化的方法和简单的类 Basic 语言构造多分支的应用程序，按照设定的条件和顺序，操作外部设备，控制窗口的打开或关闭，与实时数据库进行数据交换，实现自由、准确地控制运行流程，同时也可以由用户创建新的策略构件，扩展系统的功能。

11) 良好的可维护性和可扩充性。MCGS 系统由五大功能模块组成，主要的功能模块以构件的形式来构造，不同的构件有着不同的功能，且各自独立。三种基本类型的构件（设备构件、动画构件、策略构件）完成了 MCGS 系统三大部分（设备驱动、动画显示和流程控制）的所有工作。除此之外，MCGS 还提供了一套开放的可扩充接口，用户可根据自己的需要用 VB、VC 等高级开发语言，编制特定的构件来扩充系统的功能。

12）用数据库来管理数据存储，系统可靠性高。MCGS 中数据的存储不再使用普通的文件，而是用数据库来管理。组态时，系统生成的组态结果是一个数据库；运行时，系统自动生成一个数据库，保存和处理数据对象和报警信息的数据。利用数据库来保存数据和处理数据，提高了系统的可靠性和运行效率，同时，也使其他应用软件系统能直接处理数据库中的存盘数据。

13）设立对象元件库，组态工作简单方便。对象元件库，实际上是分类存储各种组态对象的图库。组态时，可把制作好的数据对象（包括图形对象、窗口对象、策略对象以及位图文件等）以元件的形式存入图库中，同样也可把元件库中的各种对象取出，直接为当前的工程所用。随着工作的积累，对象元件库将日益扩大和丰富，这样解决了对象元件库的元件积累和元件重复利用问题，组态工作将会变得更加简单、方便。

14）实现对工控系统的分布式控制和管理。考虑到工控系统今后的发展趋势，MCGS 充分运用现今发展的 DCCW（Distributed Computer Cooperator Work，分布式计算机协同工作方式）技术，使分布在不同现场的采集设备和工作站之间实现协同工作，不同的工作站之间则通过 MCGS 实时交换数据，实现对工控系统的分布式控制和管理。

总之，MCGS 组态软件功能强大，操作简单，易学易用，普通工程人员经过短时间的培训就能迅速掌握多数工程项目的设计和运行操作。同时使用 MCGS 组态软件能够避开复杂的计算机软、硬件问题，集中精力去解决工程问题本身，根据工程作业的需要和特点，组态配置出高性能、高可靠性和高度专业化的工业控制监控系统。MCGS 具有操作简便、可视性好、可维护性强、高性能、高可靠性等突出特点，已成功应用于石油化工、钢铁行业以及电力系统、水处理、环境监测、机械制造、交通运输、能源原材料、农业自动化、航空航天等领域，经过各种现场的长期实际运行，系统稳定可靠。

2. MCGS 系统由哪几部分构成？各有什么作用

MCGS 系统包括组态环境和运行环境两个部分。用户的所有组态配置过程都在组态环境中进行，组态环境相当于一套完整的工具软件，它帮助用户设计和构造自己的应用系统。用户组态生成的结果是一个数据库文件，称为组态结果数据库；运行环境是一个独立的运行系统，它按照组态结果数据库中用户指定的方式进行各种处理，完成用户组态设计的目标和功能。运行环境本身没有任何意义，必须与组态结果数据库一起作为一个整体，才能构成用户应用系统。一旦组态工作完成，运行环境和组态结果数据库就可以离开组态环境而独立运行在监控计算机上。组态结果数据库完成了 MCGS 系统从组态环境向运行环境的过渡，它们之间的关系如图 1-9 所示。

图 1-9　MCGS 的构成

五、拓展知识

1. 常用组态软件有哪些

国内的有 MCGS、组态王、力控、瑞尔等，国外的有西门子 WinCC、INTOUCH 等。从结构上说，组态王和 MCGS 一样，前台动画和后台集成在一起，在运行模式下一起运行。而力控、瑞尔却由后台驱动、实时数据库和前台三部分组成。

目前国产软件整体性能与国外软件相比虽有些差距，但在一般的工程中，国产软件和国外软件已没有任何差别，在某些项目上，国产软件的性能比国外软件还要好。

2. MCGS 组态软件常用术语

1）工程：用户应用系统的简称。引入工程的概念，是使复杂的计算机专业技术更贴近于普通工程用户。在 MCGS 组态环境中生成的文件称为工程文件，后缀为".mcg"，存放于 MCGS 目录的 Work 子目录中，如："D:\ MCGS \ Work \ 水位控制系统.mcg"。

2）对象：操作目标与操作环境的统称。如窗口、构件、数据、图形等皆称为对象。

3）选中对象：用鼠标单击窗口或对象，使其处于可操作状态，称此操作为选中对象，被选中的对象（包括窗口），也叫当前对象。

4）组态：在 MCGS 组态软件开发平台中对五大部分进行对象的定义、制作和编辑，并设定其状态特征（属性）参数，将此项工作称为组态。

5）属性：对象的名称、类型、状态、性能及用法等特征的统称。

6）菜单：是执行某种功能的命令集合。如系统菜单中的"文件"菜单命令，是用来处理与工程文件有关的执行命令。位于窗口顶端菜单条内的菜单命令称为顶层菜单，一般分为独立的菜单项和下拉菜单两种形式，下拉菜单还可分成多级，每一级称为次级子菜单。

7）构件：具备某种特定功能的程序模块，可以用 VB、VC 等程序设计语言编写，通过编译，生成 DLL、OCX 等文件。用户对构件设置一定的属性，并与定义的数据变量相连接，即可在运行中实现相应的功能。

8）策略：是指对系统运行流程进行有效控制的措施和方法。

9）启动策略：在进入运行环境后首先运行的策略，只运行一次，一般完成系统初始化的处理。该策略由 MCGS 自动生成，具体处理的内容由用户充填。

10）循环策略：按照用户指定的周期时间，循环执行策略块内的内容，通常用来完成流程控制任务。

11）退出策略：退出运行环境时执行的策略。该策略由 MCGS 自动生成，自动调用，一般由该策略模块完成系统结束运行前的善后处理任务。

12）用户策略：由用户定义，用来完成特定的功能。用户策略一般由按钮、菜单、其他策略来调用执行。

13）事件策略：当开关型变量发生跳变时（1 到 0，或 0 到 1）执行的策略，只运行一次。

14）热键策略：当用户按下定义的组合热键（如：Ctrl + D）时执行的策略，只运行一次。

15）可见度：指对象在窗口内的显现状态，即可见与不可见。

16）变量类型：MCGS 定义的变量有五种类型：数值型、开关型、字符型、事件型和组对象。

17)事件对象:用来记录和标识某种事件的产生或状态的改变,如开关量的状态发生变化。

18)组对象:用来存储具有相同存盘属性的多个变量的集合,内部成员可包含多个其他类型的变量。组对象只是对有关联的某一类数据对象的整体表示方法,而实际的操作则均针对每个成员进行。

19)动画刷新周期:动画更新速度,即颜色变换、物体运动、液面升降的快慢等,单位为 ms。

20)父设备:本身没有特定功能,但可以和其他设备一起与计算机进行数据交换的硬件设备。如:串口通信父设备。

21)子设备:必须通过一种父设备与计算机进行通信的设备,如西门子 S7-300PLC、研华 ADAM-4017(4017+)模块等。

22)模拟设备:在对工程文件测试时,提供可变化的数据的内部设备,可提供多种变化方式,如正弦波、三角波等。

23)数据库存盘文件:MCGS 工程文件在硬盘中存储时的文件,类型为 MDB 文件,一般以工程文件的文件名+"D"进行命名,存储在 MCGS 目录下 Work 子目录中,如"D:\MCGS\Work\水位控制系统 D.MDB"。

六、练习

1. 理论题

1)什么是 MCGS?其主要特点和基本功能有哪些?

2)MCGS 系统由哪几部分构成?各有什么作用?

2. 实践题

1)每位同学按要求在"D:\MCGS\Work\"下建立工程文件,文件名为"水位控制系统+班级+学号"。

2)熟练掌握组态软件常用术语并能与 MCGS 组态环境对应。

任务 2　水位控制画面设计

一、教学目标

终极目标:掌握 MCGS 画面设计方法。

促成目标:

1)掌握绘图工具箱的使用。

2)掌握实时数据库的创建方法。

3)能实现图形的动画控制效果。

二、工作任务

完成水位控制系统的画面制作,实现动画控制效果。

三、能力训练

MCGS 生成的用户应用系统,其结构由主控窗口、设备窗口、用户窗口、实时数据库和运行策略五个部分构成,如图 1-10 所示。

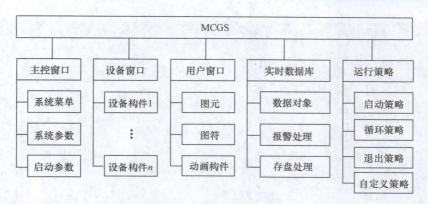

图 1-10　用户应用系统

1. 建立新画面

（1）新建窗口　在图 1-11 所示的 MCGS 组态平台上，单击"用户窗口"，在"用户窗口"中单击"新建窗口"按钮，则产生新建的"窗口 0"。

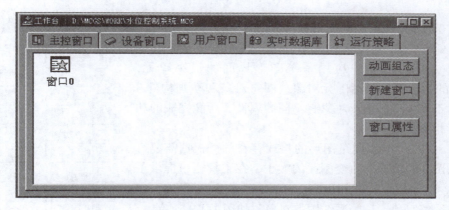

图 1-11　MCGS 组态平台

选中"窗口 0"，单击"窗口属性"，进入图 1-12 所示的"用户窗口属性设置"对话框，将"窗口名称"改为"水位控制"；将"窗口标题"改为"水位控制"；在"窗口位置"中选中"最大化显示"，其他不变，单击"确认"按钮。

选中"水位控制"，单击"动画组态"，进入图 1-13 所示的"动画制作"窗口。

（2）工具箱使用　单击工具条中的工具箱按钮，则打开动画工具箱，如图 1-14a 所示。

图标 对应于选择器，用于在编

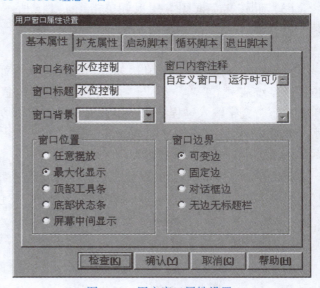

图 1-12　用户窗口属性设置

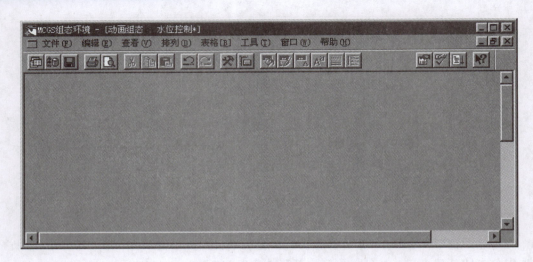

图 1-13 "动画制作"窗口

辑图形时选取用户窗口中指定的图形对象；图标 用于打开和关闭常用图符工具箱，常用图符工具箱包括 27 种常用的图符对象。图形对象放置在用户窗口中，是构成用户应用系统图形界面的最小单元，MCGS 中的图形对象包括图元对象、图符对象和动画构件 3 种类型，不同类型的图形对象有不同的属性，所能完成的功能也各不相同。

MCGS 的图元是以向量图形的格式存在的，根据需要可随意移动图元的位置和改变图元的大小，在工具箱中提供了 8 种图元。为了快速构图和组态，MCGS 系统内部提供了 27 种常用的图符对象，称为系统图符对象。如图 1-14b 所示。

（3）制作文字框图 用鼠标单击图 1-14a 所示的"标签"按钮 ，鼠标的光标变为"十"字形，在窗口任意位置拖拽鼠标，拉出一个一定大小的矩形。

建立矩形框后，光标在其内闪烁，可直接输入文字"水位控制系统演示工程"，按回车键或在窗口任意位置用鼠标单击一下，文字输入过程结束。如果用户想改变矩形内的文字，先选中文字标签，按回车键或空格键，光标显示在文字起始位置，即可进行文字的修改。

图 1-14 动画工具箱及系统图符对象

（4）设置框图颜色 设置框图颜色如图 1-15 所示。

1）设定文字框颜色：选中文字框，按"填充色"按钮 ，设定文字框的背景颜色（本例设为无填充色）；按"线色"按钮 改变文字框的边线颜色（本例设为没有边线），则设定的结果是不显示框图，只显示文字。

2）设定文字的颜色：按"字符字体"按钮 改变文字字体和大小。按"字符颜色"按钮 ，改变文字颜色（本例设为蓝色）。

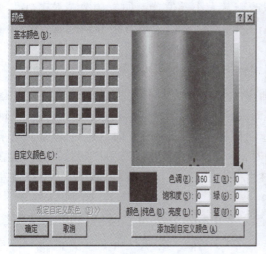 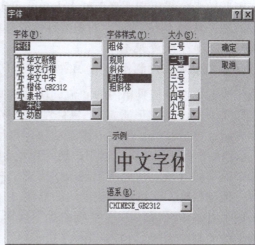

a)文字框颜色设定　　　　　　　　　　b)文字的颜色设定

图 1-15　设置框图颜色

（5）对象元件库管理　单击"工具"菜单，选中"对象元件库管理"或单击工具条中的工具箱按钮，则打开动画工具箱，工具箱中的图标 用于从对象元件库中读取存盘的图形对象；图标 用于把当前用户窗口中选中的图形对象存入对象元件库中。

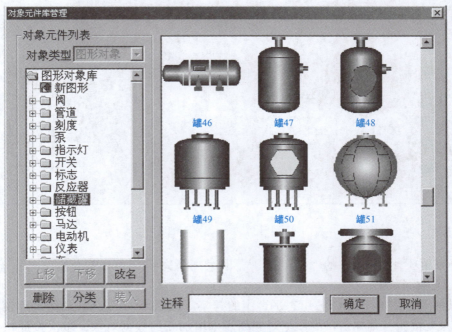

图 1-16　对象元件库管理

从图1-16所示"对象元件库管理"中的"储藏罐"中选取中意的罐,按"确定"按钮,则所选中的罐出现在桌面的左上角,可以改变其大小及位置,如"罐14""罐20"。

同理,从图1-16所示"对象元件库管理"中的"阀"和"泵"中分别选取2个阀(阀6、阀33)、1个泵(泵12)。

(6) 流动块构件制作 流动的水是用图1-14a所示"动画工具箱"中的"流动块"构件制作成的。选中工具箱内的"流动块"动画构件。移动鼠标至窗口的预定位置(鼠标的光标变为"十"字形),按下鼠标左键,移动鼠标,在鼠标光标后形成一道虚线,拖动一定距离后,单击鼠标,生成一段流动块。再拖动鼠标(可沿原来方向,也可垂直于原来方向),生成下一段流动块。当用户想结束绘制时,双击鼠标即可;当用户想修改流动块时,先选中流动块(流动块周围出现选中标志:白色小方块),鼠标指针指向小方块,按住左键不放,拖动鼠标,就可调整流动块的形状。

用工具箱中的 A 图标,分别对阀、罐进行文字注释,方法同"(3) 制作文字框图"。最后生成的画面如图1-17所示。

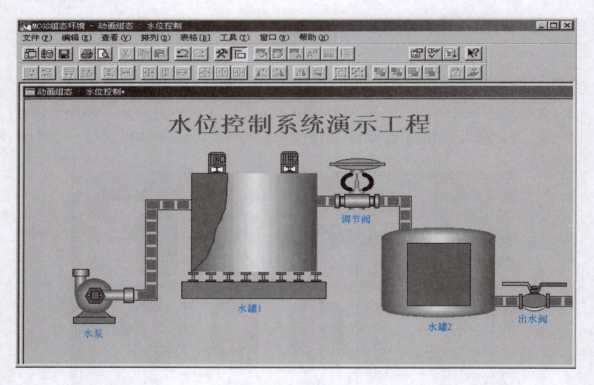

图1-17 最后生成的画面

选择菜单项"文件"中的"保存窗口",则可对所完成的画面进行保存。

2. 定义数据对象

用鼠标单击图1-11 MCGS组态平台中的"实时数据库",进入实时数据库窗口页。按"新增对象"按钮,则在窗口的数据对象列表中增加新的数据对象,多次按此按钮,则增加多个数据对象,系统默认定义的名称为"Data1""Data2""Data3"等。选中数据对象,按"对象属性"按钮或双击选中对象，则打开"数据对象属性设置"窗口，如图 1-18 所示。

a) 液位1

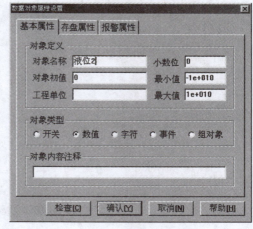
b) 液位2

图 1-18　"数据对象属性设置"窗口

1）指定名称类型：在窗口的数据对象列表中，用户将系统定义的默认名称改为用户定义的名称，并指定类型，在注释栏中输入变量注释文字。本系统中要定义的数据对象如图 1-18 所示，以"液位 1"变量为例。在"基本属性"中，将"对象名称"设为"液位 1"；将"对象类型"设为"数值"；其他不变。

2）液位组变量属性设置：在"基本属性"中，将"对象名称"设为"液位组"；将"对象类型"设为"组对象"；其他不变，如图 1-19a 所示。在"存盘属性"中，将"数据对象值的存盘"设为"定时存盘"，"存盘周期"设为 5 秒，如图 1-19b 所示。在"组对象成员"中选择"液位 1""液位 2"，如图 1-19c 所示。

对于水泵、调节阀、出水阀三个开关型变量，属性设置只要把"对象名称"分别改为：水泵、调节阀、出水阀；"对象类型"选中"开关"，其他属性不变，如图 1-20 所示。

3. 动画连接

由图形对象搭制而成的图形界面是静止不动的，需要对这些图形对象进行动画设计，真实地描述外界对象的状态变化，达到过程实时监控的目的。MCGS 实现图形动画设计的主要方法是将用户窗口中图形对象与实时数据库中的数据对象建立相关性连接，并设置相应的动画属性。在系统运行过程中，图形对象的外观和状态特征由数据对象的实时采集值驱动，从而实现了图形的动画效果。

在用户窗口中，双击"水位控制"进入水位控制系统演示工程界面，选中"水罐 1"并双击，则弹出"单元属性设置"窗口，如图 1-21a 所示。选中"折线"，则会出现 >，单击 > 则进入"动画组态属性设置"窗口，如图 1-21b 所示。按图 1-21b 所示设置，其他属性不变。设置好并"确认"后，变量连接成功。对于水罐 2，只需要把"液位 1"改为"液位 2"；"动画组态属性设置"中最大变化百分比设为"100"，对应的"表达式的值"由"10"改为"6"即可。

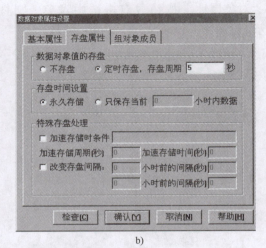

图 1-19 液位组变量属性设置

在用户窗口中,双击"水位控制"进入水位控制系统演示工程界面,选中"调节阀"并双击,则弹出"单元属性设置"窗口。选中"组合图符"(图 1-22a),则会出现 >,单击 > 则进入"动画组态属性设置"窗口,按图 1-22 所示设置,其他属性不变。设置好并"确认"后,变量连接成功。水泵属性设置跟调节阀属性设置一样。

至于出水阀的属性设置,可以在"属性设置"中调入其他属性,如图 1-23a~e 所示。

在用户窗口中,双击"水位控制"进入水位控制系统演示工程界面,选中水泵右侧的流动块并双击,则弹出"流动块构件属性设置"窗口。按图 1-24a 所示设置,其他属性不变。水罐 1 右侧的流动块与水罐 2 右侧的流动块在流动块构件属性设置窗口中,只需要把"表达式"相应设为"调节阀=1"和"出水阀=1"即可,如图 1-24b、c 所示。

至此动画连接已完成,可以先让工程运行起来,预览运行的效果。

模块一 水位控制系统设计

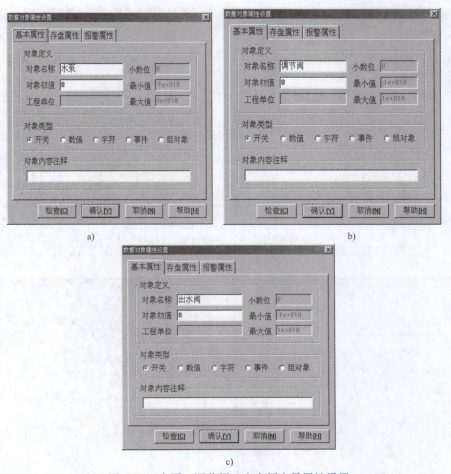

图1-20 水泵、调节阀、出水阀变量属性设置

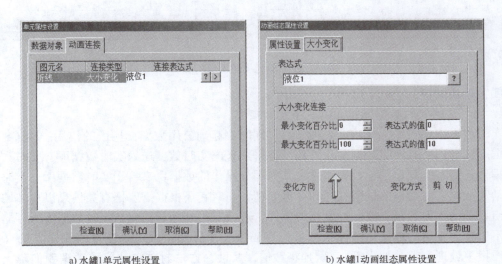

a) 水罐1单元属性设置　　　　　b) 水罐1动画组态属性设置

图1-21 "动画组态属性设置"窗口

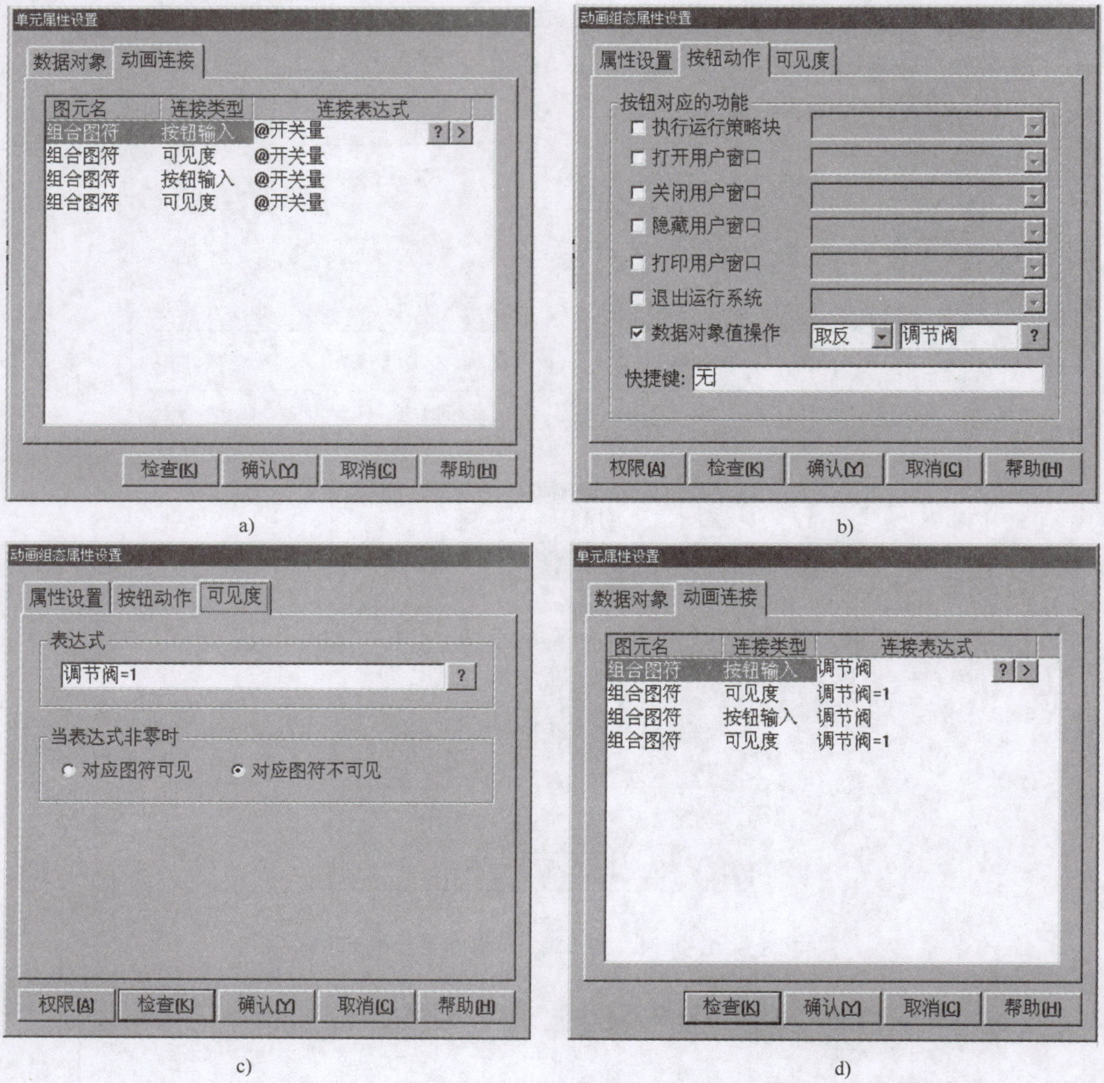

图 1-22 "单元属性设置"窗口

四、理论知识

1. 为什么说实时数据库是 MCGS 系统的核心

实时数据库相当于一个数据处理中心，同时也起到公用数据交换区的作用。MCGS 用实时数据库来管理所有实时数据。从外部设备采集来的实时数据送入实时数据库，实时数据库将数据传送给系统其他部分，操作系统其他部分操作的数据也来自于实时数据库。实时数据库自动完成对实时数据的报警处理和存盘处理，同时它还根据需要把有关信息以事件的方式发送给系统的其他部分，以便触发相关事件，进行实时处理。因此，实时数据库所存储的单元，不单单是变量的数值，还包括变量的特征参数（属性）及对该变量的操作方法（报警属性、报警处理和存盘处理等）。**这种将数值、属性、方法封装在一起的数据我们称之为数据对象**。实时数据库采用面向对象的技术，为其他部分提供服务，例如提供了系统各个功能部件的数据共享服务。

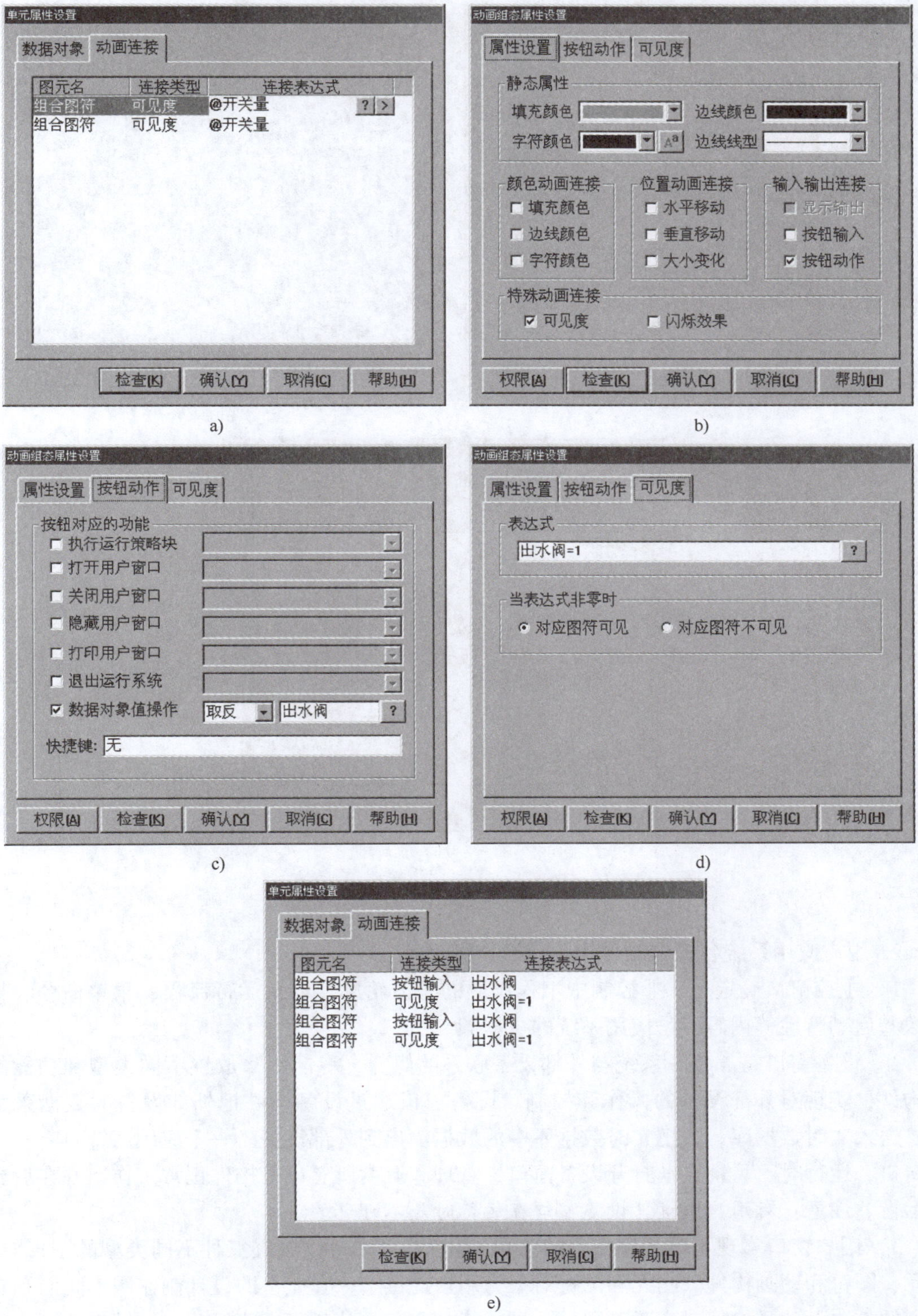

图 1-23　出水阀属性设置

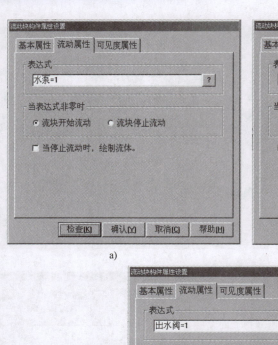
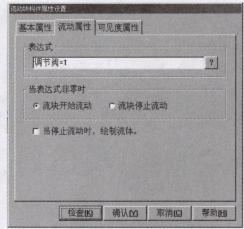
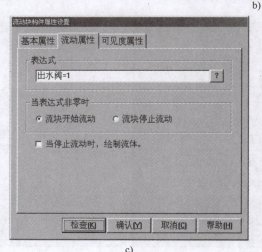

图 1-24 "流动块构件属性设置"窗口

2. 用户应用系统各窗口的作用是什么

1）主控窗口确定了工业控制中工程作业的总体轮廓，以及运行流程、菜单命令、特性参数和启动特性等内容，是应用系统的主框架。

2）设备窗口是 MCGS 系统与外部设备联系的媒介，专门用来放置不同类型和功能的设备构件，实现对外部设备的操作和控制。设备窗口通过设备构件把外部设备的数据采集进来，送入实时数据库，或把实时数据库中的数据输出到外部设备。一个应用系统只有一个设备窗口，运行时，系统自动打开设备窗口，管理和调度所有设备构件正常工作，并在后台独立运行。**注意**：对用户来说，设备窗口在运行时是不可见的。

3）用户窗口实现了数据和流程的"可视化"，其中可以放置三种不同类型的图形对象：图元、图符和动画构件。图元和图符对象为用户提供了一套完善的设计制作图形画面和定义动画的方法。动画构件对应于不同的动画功能，它们是从工程实践经验中总结出的常用的动画显示与操作模块，用户可以直接使用。通过在用户窗口内放置不同的图形对象，搭制多个用户窗口，用户可以构造各种复杂的图形界面，用不同的方式实现数据和流程的"可视化"。

4）组态工程中的用户窗口最多可定义 512 个。所有的用户窗口均位于主控窗口内，其打开时窗口可见，关闭时窗口不可见。允许多个用户窗口同时处于打开状态。用户窗口的位置、大小和边界等属性可以随意改变或设置，如可以让一个用户窗口在顶部作为工具条，也可以放在底部作为状态条，还可以使其成为一个普通的最大化显示窗口等。多个用户窗口的灵活组态配置，就构成了丰富多彩的图形界面。

5）运行策略是对系统运行流程实现有效控制的手段，其本身是系统提供的一个框架，里面放置有策略条件构件和策略构件组成的"策略行"，通过对运行策略的定义，使系统能够按照设定的顺序和条件操作实时数据库，控制用户窗口的打开、关闭并确定设备构件的工作状态等，从而实现对外部设备工作过程的精确控制。一个应用系统有三个固定的运行策略：启动策略、循环策略和退出策略，用户也可根据具体需要创建新的用户策略、循环策略、报警策略、事件策略、热键策略，且最多可创建 512 个用户策略。启动策略在应用系统开始运行时调用，退出策略在应用系统退出运行时调用，循环策略由系统在运行过程中定时循环调用，用户策略供系统中的其他部件调用。

3. 如何完成一个实际的应用系统

一个应用系统由主控窗口、设备窗口、用户窗口、实时数据库和运行策略五个部分组成。组态工作开始时，系统只为用户搭建了一个能够独立运行的空框架，提供了丰富的动画部件与功能部件。如果要完成一个实际的应用系统，应主要完成以下工作：

首先，要像搭积木一样，在组态环境中用系统提供的或用户扩展的构件构造应用系统，配置各种参数，形成一个有丰富功能可实际应用的工程；然后，把组态环境中的组态结果提交给运行环境。运行环境和组态结果共同构成了用户自己的应用系统。

4. 如何定义数据变量

实时数据库是 MCGS 工程的数据交换和数据处理中心。数据变量是构成实时数据库的基本单元，建立实时数据库的过程也就是定义数据变量的过程。定义数据变量的内容主要包括：指定数据变量的名称、类型、初始值和数值范围；确定与数据变量存盘相关的参数，如存盘的周期、存盘的时间范围和保存期限等。

五、拓展知识

熟练掌握 MCGS 的组态环境和工具使用，能有助于提高工程进度，现介绍如下。

1. 各种组态工作窗口

（1）系统工作台面　系统工作台面是 MCGS 组态操作的总工作台面。用鼠标双击 Windows95/98/NT/Me/2000 工作台面上的"MCGS 组态环境"图标，或执行"开始"菜单中的"MCGS 组态环境"菜单项，弹出的窗口即为 MCGS 的工作台窗口，设有：

1）标题栏：显示"MCGS 组态环境-工作台"标题、工程文件名称和所在目录。

2）菜单条：设置 MCGS 的菜单系统。参见附录 B～D 所列 MCGS 的编辑、查看、排列菜单。

3）工具条：设有对象编辑和组态用的工具按钮。不同的窗口设有不同功能的工具条按钮，其功能详见附录 B～D。

4）工作台面：进行组态操作和属性设置。上部设有五个窗口标签，分别对应主控窗口、用户窗口、设备窗口、运行策略和实时数据库五大窗口。用鼠标单击标签按钮，即可将相应的窗口激活以进行组态操作；工作台右侧还设有创建对象和对象组态用的功能按钮。

(2) 组态工作窗口　组态工作窗口是创建和配置图形对象、数据对象和各种构件的工作环境，又称为对象的编辑窗口。主要包括组成工程框架的五大窗口，即：主控窗口、用户窗口、设备窗口、运行策略窗口和实时数据库窗口。分别完成工程命名和属性设置、动画设计、设备连接、编写控制流程及定义数据变量等组态操作。

(3) 属性设置窗口　属性设置窗口是设置对象各种特征参数的工作环境，又称属性设置对话框。对象不同，属性窗口的内容各异，但结构形式大体相同。属性设置窗口主要由下列几部分组成：

1) 窗口标题：位于窗口顶部，显示"××属性设置"字样的标题。

2) 窗口标签：不同属性的窗口分页排列，窗口标签作为分页的标记，各类窗口分页排列。用鼠标单击窗口标签，即可将相应的窗口页激活，进行属性设置。

3) 输入框：设置属性的输入框，左侧标有属性注释文字，框内输入属性内容。为了便于用户操作，许多输入框的右侧带有"?""▼""…"等标志符号的选项按钮，用鼠标单击此按钮，会弹出一列表框，用鼠标双击所需要的项目，即可将其设置于输入框内。

4) 选项钮：带有"○"标记的属性设定器件。同一设置栏内有多个选项钮时，只能选择其一。

5) 复选框：带有"□"标记的属性设定器件。同一设置栏内有多个选项框时，可以设置多个。

6) 功能按钮：一般设有"检查 [C]""确认 [Y]""取消 [N]"及"帮助 [H]"四种按钮："检查 [C]"按钮用于检查当前属性设置内容是否正确；"确认 [Y]"按钮用于属性设置完毕后，返回组态窗口；"取消 [N]"按钮用于取消当前的设置，返回组态窗口；"帮助 [H]"按钮用于查阅在线帮助文件。

(4) 图形库工具箱　MCGS 为用户提供了丰富的组态资源，包括：

1) 系统图形工具箱：进入用户窗口，用鼠标单击工具条中的工具箱按钮，打开图形工具箱，其中设有各种图元、图符、组合图形及动画构件的位图图符。利用这些最基本的图形元素，可以制作出任何复杂的图形。

2) 设备构件工具箱：进入设备窗口，用鼠标单击工具条中的工具箱按钮，打开设备构件工具箱窗口，其中设有与工控行业经常选用的监控设备相匹配的各种设备构件。选用所需的构件，放置到设备窗口中，经过属性设置和通道连接后，该构件即可实现对外部设备的驱动和控制。

3) 策略构件工具箱：进入运行策略窗口，用鼠标单击工具条中的工具箱按钮，打开策略构件工具箱，工具箱内包括所有策略功能构件。选用所需的构件，生成用户策略模块，实现对系统运行流程的有效控制。

4) 对象元件库：对象元件库是存放组态完好并具有通用价值的动画图形的图形库，便于对组态成果的重复利用。进入用户窗口的组态窗口，执行"工具"菜单中的"对象元件库管理"菜单命令，或者打开系统图形工具箱，选择"插入元件"图标，可打开对象元件库管理窗口，进行存放图形的操作。

2. 工具按钮一览

工作台窗口的工具条一栏内，排列标有各种位图图标的按钮，称为工具条功能按钮，简称为工具按钮。许多按钮的功能与菜单条中的菜单命令相同，但操作更为简便，因此在组态操作中经常使用。

六、练习

1. 理论题

1）为什么说实时数据库是 MCGS 系统的核心？

2）一个应用系统由哪五个部分组成？

2. 实践题

参考图 1-17 完成水位控制系统的画面制作，实现动画控制效果测试。

任务 3　模拟设备连接

一、教学目标

终极目标：能实现动画自动运行。

促成目标：

1）掌握模拟设备使用方法。

2）掌握策略构件工具箱使用方法，能编写脚本程序。

3）掌握系统报警方法。

二、工作任务

能实现动画水位控制系统自动运行。

三、能力训练

（一）模拟设备使用

模拟设备是供用户调试工程的虚拟设备。该构件可以产生标准的正弦波、方波、三角波和锯齿波信号，其幅值和周期都可以任意设置。通过模拟设备的连接，可以使动画不需要手动操作即可自动运行起来。通常情况下，在启动 MCGS 组态软件时，模拟设备都会自动装载到设备工具箱中。

1. 模拟设备装载

1）在工作台设备窗口中双击"设备窗口"图标。

2）单击工具条中的工具箱图标 ，打开"设备工具箱"。

3）单击"设备工具箱"中的"设备管理"按钮，将弹出图 1-25 所示窗口。

4）在"可选设备"列表中，双击"通用设备"。

5）在下拉列表中双击"模拟数

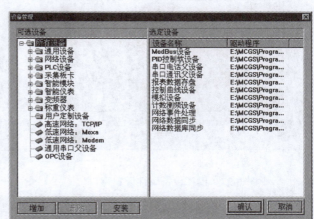

图 1-25　设备工具箱——"设备管理"窗口

设备",在下方出现模拟设备图标。

6）双击模拟设备图标,即可将"模拟设备"添加到右侧"选定设备"列表中。

7）选中"选定设备"列表中的"模拟设备",单击"确认"按钮,"模拟设备"即被添加到"设备工具箱"中。

2. 模拟设备的添加及属性设置

1）双击"设备工具箱"中的"模拟设备",模拟设备被添加到设备组态窗口中。如图 1-26 所示。

2）双击"设备 0 –［模拟设备］",进入模拟设备属性设置窗口,如图 1-27 所示。

3）单击"基本属性"页中的"内部属性"选项,该项右侧会出现 图标,单击此按钮进入"内部属性"设置。将通道 1、2 的最大值分别设置为"10""6"。

图 1-26 设备工具箱——模拟设备

4）单击"确认"按钮,完成"内部属性"设置。

5）单击"通道连接"标签,进入通道连接设置。选中通道 0"对应数据对象"输入框,输入"液位 1"或右击鼠标,弹出数据对象列表后,选择"液位 1";选中通道 1"对应数据对象"输入框,输入"液位 2",如图 1-28 所示。

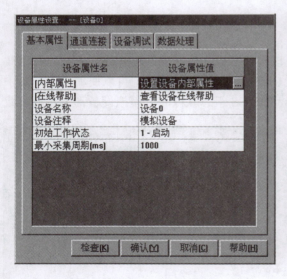

图 1-27 模拟设备属性设置窗口

图 1-28 设备属性设置——通道连接

6）进入"设备调试"属性页,即可看到通道中数据在变化。单击"确认"按钮,即完成设备属性设置。

(二)编写控制流程

1. 控制要求

当"水罐1"的液位达到9m时,就要把"水泵"关闭,否则就要自动起动"水泵";当"水罐2"的液位不足1m时,就要自动关闭"出水阀",否则自动开启"出水阀";当"水罐1"的液位大于1m且"水罐2"的液位小于6m时,就要自动开启"调节阀",否则自动关闭"调节阀"。

2. 策略组态

在运行策略窗口,双击"循环策略",双击 图标进入"策略属性设置"窗口,如图1-29所示。只需把"循环时间"设为"200"ms,单击"确认"按钮即可。

在策略组态中,单击工具条中的新增策略行图标 就可以增加新的策略行,如图1-30所示。

图1-29 策略属性设置

图1-30 工具条——新增策略行

在策略组态中,如果没有出现策略工具箱,请单击工具条中的工具箱图标 ,将弹出图1-31所示的"策略工具箱"。

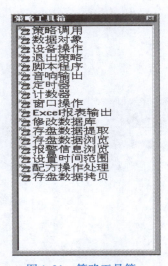

图1-31 策略工具箱

单击"策略工具箱"中的"脚本程序",把鼠标移出"策略工具箱",会出现一个小手,把小手放在▭上,单击鼠标,就完成了一个按照设定时间循环运行脚本程序的控制策略,如图1-32所示。

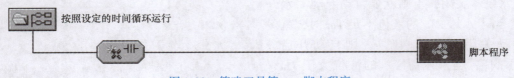

图1-32 策略工具箱——脚本程序

3. 脚本程序编辑

双击图1-32中的图标▭进入脚本程序编辑环境,如图1-33所示。在图1-33脚本程序编辑环境中使用右下角键盘输入如下控制程序,最终结果如图1-33所示。

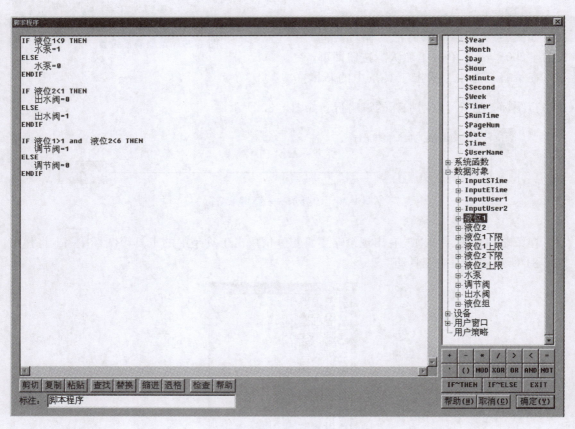

图1-33 脚本程序编辑环境

IF 液位1 < 9 THEN
  水泵 = 1
ELSE
  水泵 = 0

```
ENDIF
IF 液位2 < 1 THEN
    出水阀 = 0
ELSE
    出水阀 = 1
ENDIF
IF 液位1 > 1 and 液位2 < 6 THEN
    调节阀 = 1
ELSE
    调节阀 = 0
ENDIF
```

完成脚本程序编写，单击"确定"按钮退出，这时再进入运行环境，就会按照所需要的控制流程出现相应的动画效果。

（三）系统报警设置

MCGS把报警处理作为数据对象的属性，封装在数据对象内，由实时数据库来自动处理。当数据对象的值或状态发生改变时，实时数据库判断对应的数据对象是否发生了报警或已产生的报警是否已经结束，并把所产生的报警信息通知给系统的其他部分，同时，实时数据库根据用户的组态设定，把报警信息存入指定的存盘数据库文件中。

1. 报警数据对象定义

本工程中需设置报警的数据对象包括：液位1、液位2。定义报警的具体操作如下：

1）进入"实时数据库"，双击数据对象"液位1"。
2）选中"报警属性"标签。
3）选中"允许进行报警处理"，报警设置域被激活。
4）选中"报警设置域"中的"下限报警"，报警值设为"2"；报警注释输入"水罐1没水了！"。
5）选中"上限报警"，报警值设为"9"；报警注释输入"水罐1的水已达上限值！"。
6）单击"存盘属性"标签，选中"报警数据的存盘域"中的"自动保存产生的报警信息"。
7）按"确认"按钮，"液位1"报警设置完毕。
8）同理设置"液位2"的报警属性。需要改动的设置为："下限报警"的报警值设为"1.5"，报警注释输入"水罐2没水了！"；"上限报警"的报警值设为"4"，报警注释输入"水罐2的水已达上限值！"。

2. 制作报警显示画面

实时数据库只负责关于报警的判断、通知和存储三项工作，而报警产生后所要进行的其他处理操作（即对报警动作的响应），则需要在组态时实现。具体操作如下：

1）双击"用户窗口"中的"水位控制"窗口，进入组态画面。选取工具箱中的"报警显示"构件 🔔 。鼠标指针呈"十"字形后，在适当的位置，拖动鼠标至适当大小。如图1-34所示。

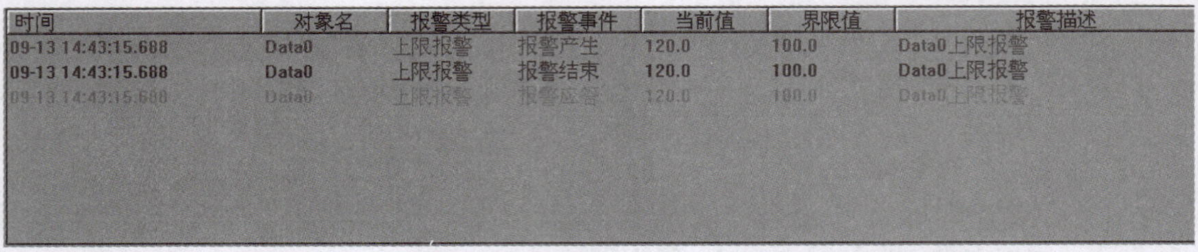

图 1-34 "报警显示构件"窗口

2）选中图 1-34，双击，再双击将弹出"报警显示构件属性设置"窗口，如图 1-35 所示。

3）在"基本属性"页中，将对应的数据对象的名称设为"液位组"；最大记录次数设为"6"。

4）单击"确认"按钮即可。

3. 报警数据浏览

在对数据对象进行报警定义时，若选择报警产生时"自动保存产生的报警信息"，则可以使用"报警信息浏览"构件浏览数据库中保存下来的报警信息。具体操作如下：

1）在"运行策略"窗口中，单击"新建策略"，将弹出"选择策略的类型"对话框。

2）选中"用户策略"，按"确定"按钮。策略窗口中新增"策略 1"。

3）选中"策略 1"，单击"策略属性"按钮，将弹出"策略属性设置"窗口。在"策略名称"输入框中输入"报警数据"；在"策略内容注释"输入框中输入"水罐的报警数据"。如图 1-36 所示。

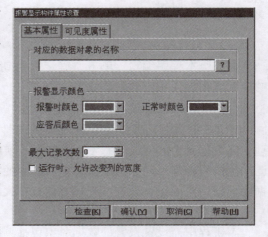

图 1-35 "报警显示构件属性设置"窗口

4）按"确认"按钮。策略窗口中的"策略 1"自动更名为"报警数据"。

5）双击"报警数据"策略，进入策略组态窗口。

6）单击工具条中的新增策略行图标，新增加一个策略行。

图 1-36 策略属性设置

7）从"策略工具箱"中选取"报警信息浏览"，加到策略行上。

8）双击图标，将弹出"报警信息浏览构件属性设置"窗口。

9）进入"基本属性"页，将"报警信息来源"中的"对应数据对象"改为"液位组"。

10）单击"确认"按钮完成设置。

可按"测试"按钮，进行预览。如图1-37所示。

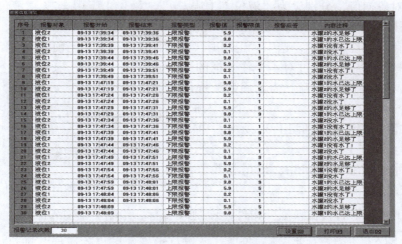

图1-37　策略工具箱——"报警信息浏览"窗口

在图1-37所示的窗口中，也可以对数据进行编辑。编辑结束，退出时会弹出图1-38所示窗口，按"是"按钮，就可对所做编辑进行保存。

4. 报警菜单设置

1）在MCGS工作台上，单击"主控窗口"。

2）选中"主控窗口"，单击"菜单组态"进入运行环境菜单。

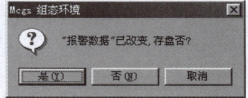

图1-38　报警数据对话框

3）单击工具条中的新增菜单项图标，会产生"操作0"菜单。

4）双击"操作0"菜单，在弹出的"菜单属性设置"窗口中进行如下设置：

在"菜单属性"页中，将菜单名改为"报警数据"；在"菜单操作"页中，选中"执行运行策略块"，从下拉式菜单中选取"报警数据"。

5）按"确认"按钮完成设置。

按"F5"键进入运行环境，即可单击菜单"报警数据"打开报警历史数据。

5. 修改报警限值

在"实时数据库"中，对"液位1""液位2"的上下限报警值都是已定义好的。如果用户想在运行环境下根据实际需要随时改变报警上下限值，又如何实现呢？MCGS组态软件提供了大量的函数，用户可以根据需要灵活地运用。操作包括三部分：设置数据对象、制作交互界面和编写控制流程。

（1）设置数据对象　在"实时数据库"中，增加四个变量，分别为：液位1上限、液位1下限、液位2上限、液位2下限，参数设置如下：

1）在"基本属性"页中，将对象名称分别设为"液位1上限""液位1下限""液位2上限"及"液位2下限"。

2) 将"对象内容注释"分别设为"水罐1的上限报警值""水罐1的下限报警值""水罐2的上限报警值"及"水罐2的下限报警值"。

3) 将"对象初值"分别设为"液位1上限=9""液位1下限=2""液位2上限=4"及"液位2下限=1.5"。

4) 在"存盘属性"页中,选中"退出时,自动保存数据对象当前值为初始值"。

(2) 制作交互界面 通过对4个输入框的设置,实现用户与数据库的交互。需要用到的构件包括:① 4个标签:用于标注;② 4个输入框:用于输入修改值。最终效果如图1-39所示。

具体制作步骤如下:

1) 在"水位控制"窗口中,根据前几节学到的知识,按照图1-39制作4个标签。

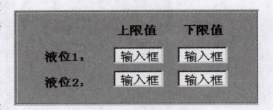

图1-39 用户与数据库的交互

2) 选中工具箱中的"输入框"构件 ab|,拖动鼠标,绘制4个输入框。

3) 双击 输入框 图标,进行属性设置。这里只需设置"操作属性"即可。4个输入框具体设置如下:对应"数据对象的名称"分别设为"液位1上限""液位1下限""液位2上限"及"液位2下限";最小值、最大值见表1-2。

表1-2 液位限定值

数据对象的名称	限定值	
	最小值	最大值
液位1上限值	5	10
液位1下限值	0	5
液位2上限值	4	6
液位2下限值	0	2

4) 参照模块2中制作文字框图的方法,制作一平面区域,将4个输入框及标签包围起来。

(3) 编写控制流程 进入"运行策略"窗口,双击"循环策略",双击 进入脚本程序编辑环境,在脚本程序中增加以下语句:

　　　　! SetAlmValue(液位1,液位1上限,3)
　　　　! SetAlmValue(液位1,液位1下限,2)
　　　　! SetAlmValue(液位2,液位2上限,3)
　　　　! SetAlmValue(液位2,液位2下限,2)

如果对函数"! SetAlmValue(液位1,液位1上限,3)"不太了解,可按"F1"键查看"在线帮助"。

6. 报警提示按钮

当有报警产生时,可以用指示灯提示。具体操作如下:

1) 在"水位控制"窗口中,单击工具箱中的"插入元件"图标 ,进入"对象元件库管理"。

2）从"指示灯"类中选取指示灯1、指示灯3。

3）调整指示灯大小，放在适当位置。其中作为"液位1"的报警指示；作为"液位2"的报警指示。

4）双击，打开"单元属性设置"窗口。将"填充颜色"对应的"数据对象连接"设置为"液位1 > = 液位1上限 or 液位1 < = 液位1下限"，如图1-40所示。

5）同理设置指示灯3，将"可见度"对应的"数据对象连接"设置为"液位2 > = 液位2上限 or 液位2 < = 液位2下限"。

按F5进入运行环境，整体效果如图1-41所示。

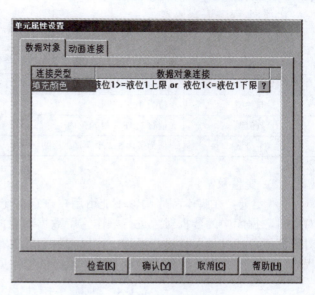

图1-40 "单元属性设置"窗口

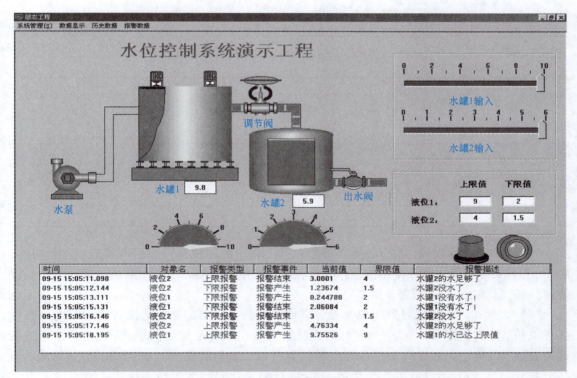

图1-41 整体效果

四、理论知识

下面介绍一下脚本程序的编写规则。

1. 脚本程序语言要素

(1) 数据类型　数据类型及其取值见表1-3。

表1-3　数据类型

数 据 类 型	取　　值
开关型	值为0或1
数值型	值在3.4E±38范围内
字符型	值为最多512个字符组成的字符串

(2) 变量及常量

1) 变量：在脚本程序中，不能由用户自定义变量，也不能定义子程序和子函数。只能对实时数据库中的数据对象进行操作，用数据对象的名称来读/写数据对象的值，而且无法对数据对象的其他属性进行操作。可以把数据对象看作是脚本程序中的全局变量，由所有的程序段共用。在脚本程序中数据类型可执行的操作见表1-4。

表1-4　脚本程序中数据类型可执行的操作

变 量 类 型	读写操作	存盘处理
开关型对象	可	可
数值型对象	可	可
字符型对象	可	可
组对象	否	可
事件型数据对象	否	否

2) 常量：常量类型见表1-5。

表1-5　常量类型

常 量 类 型	定　　义
开关型常量	0或1的数字
数值型常量	带小数点或不带小数点的数值，如：12.45，100
字符型常量	双引号内的字符串，如："OK""正常"

(3) MCGS操作对象　MCGS操作对象包括工程中的用户窗口、用户策略和设备构件，MCGS操作对象在脚本程序中不能当作变量和表达式使用，但可以当作系统内部函数的参数使用，如"！Setdevice(设备0,1,"")"。

(4) 表达式　由数据对象（包括设计者在实时数据库中定义的数据对象、系统内部数据对象和系统内部函数）、括号和各种运算符组成的运算式称为表达式，表达式的计算结果称为表达式的值。当表达式中包含有逻辑运算符或比较运算符时，表达式的值只可能为0（条件不成立，假）或非0（条件成立，真），这类表达式称为逻辑表达式；当表达式中只包含算术运算符，表达式的运算结果为具体的数值时，这类表达式称为算术表达式；常量或数据对象是狭义的表达式，这些单个量的值即为表达式的值。表达式值的类型即为表达式的类型，必须是开关型、数值型、字符型三种类型中的一种。

表达式是构成脚本程序的最基本元素,在 MCGS 其他部分的组态中,也常常需要通过表达式来建立实时数据库与其他对象的连接关系,正确输入和构造表达式是 MCGS 的一项重要工作。

(5) 运算符　脚本程序中使用的运算符见表 1-6。

表 1-6　脚本程序中使用的运算符

运算符类型	符　　号	意　　义
算术运算符	( )	内部运算
	∧	乘方
	*	乘法
	/	除法
	\	整除
	+	加法
	-	减法
	Mod	取模运算
逻辑运算符	AND	逻辑与
	NOT	逻辑非
	OR	逻辑或
	XOR	逻辑异或
比较运算符	>	大于
	> =	大于等于
	=	等于
	< =	小于等于
	<	小于
	< >	不等于

(6) 运算符优先级　运算符优先级见表 1-7。

表 1-7　运算符优先级

运　算　符	优　先　级
( )	高
∧	
*,/,\,Mod	
+,-	
<,>,< =,> =,=,< >	
NOT	
AND,OR,XOR	低

2. 脚本程序基本语句

由于 MCGS 脚本程序是为了实现某些多分支流程的控制及操作处理,因此只包括了几种最简单的语句,如赋值语句、条件语句、退出语句和注释语句。所有的脚本程序都可由这四种语句组成,当需要在一个程序行中包含多条语句时,各条语句之间须用":"分开,程序行也可以是没有任何语句的空行。大多数情况下,一个程序行只包含一条语句,赋值程序行中根据需要可在一行上放置多条语句。

(1) 赋值语句　赋值语句的形式为:数据对象 = 表达式。赋值语句用赋值号 (" = "号) 来表示,它具体的含义是:把" = "右边表达式的运算值赋给左边的数据对象。赋值号左边必须是能够读/写的数据对象，如：开关型数据、数值型数据、事件型数据以及能进行写操作的内部数据对象。而组对象、事件型数据、只读的内部数据对象、系统内部函数以及常量，均不能出现在赋值号的左边，因为不能对这些对象进行写操作。

赋值号的右边为一表达式，表达式的类型必须与左边数据对象值的类型相符合，否则系统会提示"赋值语句类型不匹配"的错误信息。

（2）条件语句　条件语句有如下三种形式：

1）If〖表达式〗Then〖赋值语句或退出语句〗

2）If〖表达式〗Then
　　〖语句〗
EndIf

3）If〖表达式〗Then
　　〖语句〗
Else
　　〖语句〗
EndIf

条件语句中的四个关键字"If""Then""Else""EndIf"不分大小写。如拼写不正确，检查程序会提示出错信息。

条件语句允许多级嵌套，即条件语句中可以包含新的条件语句，MCGS 脚本程序的条件语句最多可以有 8 级嵌套，为编制多分支流程的控制程序提供了可能。

"IF"语句的表达式一般为逻辑表达式，也可以是值为数值型的表达式，当表达式的值为非 0 时，条件成立，执行"Then"后的语句，否则，条件不成立，将不执行该条件块中包含的语句，开始执行该条件块后面的语句。

值为字符型的表达式不能作为"IF"语句中的表达式。

（3）退出语句　退出语句为"Exit"，用于中断脚本程序的运行，停止执行其后面的语句。一般在条件语句中使用退出语句，以便在某种条件下，停止并退出脚本程序的执行。

（4）注释语句　以单引号"'"开头的语句称为注释语句，注释语句在脚本程序中只起到注释说明的作用，实际运行时，系统不对注释语句作任何处理。

五、拓展知识

1. 怎样将 *.bmp 文件或其他格式的图片文件粘贴到用户窗口的画面中？

方法 1：先用扫描仪把图形扫进计算机存为 bmp 格式，然后从工具箱中选取位图构件，单击右键在菜单中选择装载位图，将存好的位图调入并调整好大小位置即可。

方法 2：选择工具箱中的文件播放构件，设置其属性即可。目前，MCGS 支持的文件有：*.bmp、*.jpg、*.avi 三种文件格式。

2. 如何精确地调整标签或输入框的大小和位置？

使用键盘的四个箭头键可以精确地调整控件的位置，使用 Shift + 箭头键可以精确地调整控件的大小。

六、练习

1. 理论题

1）脚本程序的数据类型有哪几类？

2)脚本程序的基本语句有哪几条?

2. 实践题

1)完成图 1-33 中脚本程序的输入及编辑环境。

2)设置指示灯 3 ⬤,将"可见度"对应的"数据对象连接"设置为"液位 2 >= 液位 2 上限 or 液位 2 <= 液位 2 下限"。

任务 4　报警显示与报警数据输出

一、教学目标

终极目标:掌握 MCGS 报警显示与报警数据设计方法。

促成目标:

1)掌握 MCGS 实时报表的制作方法。
2)掌握 MCGS 历史报表的制作方法。
3)掌握 MCGS 实时曲线的制作方法。
4)掌握 MCGS 历史曲线的制作方法。

二、工作任务

完成图 1-42 所示水位控制系统的报警显示与报警数据输出制作。

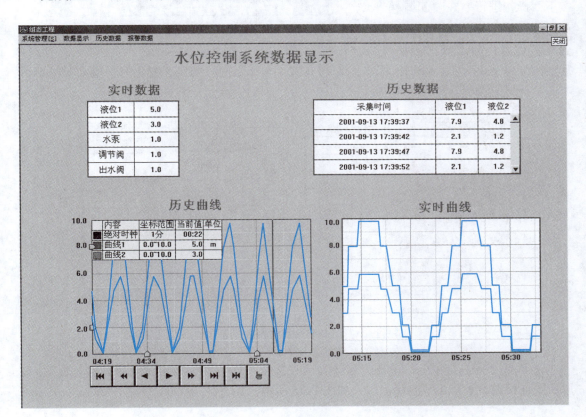

图 1-42　"数据显示"窗口

三、能力训练

（一）报表输出

1. 实时报表

在 MCGS 组态平台上，单击"用户窗口"，在"用户窗口"中单击"新建窗口"按钮产生一个新窗口，单击"窗口属性"按钮，弹出"用户窗口属性设置"窗口，进行图 1-43 所示设置，单击"确认"按钮，再按"动画组态"进入"动画组态：数据显示"窗口。用标签 A 作注释：水位控制系统数据显示，实时数据，历史数据。

在工具条中单击"帮助"图标，拖放到工具箱中"自由表格"图标上单击，即可获得"MCGS 在线帮助"，请仔细阅读，然后再按下面操作进行。在"工具箱"中单击"自由表格"图标，拖放到桌面适当位置。双击表格进入，

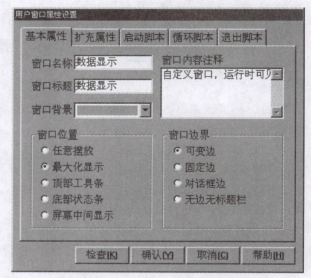

图 1-43 用户窗口属性设置

如要改变单元格大小，请把鼠标移到 A 与 B 或 1 与 2 之间，当鼠标变化时，拖动鼠标即可；右击鼠标进行编辑。如图 1-44 所示。

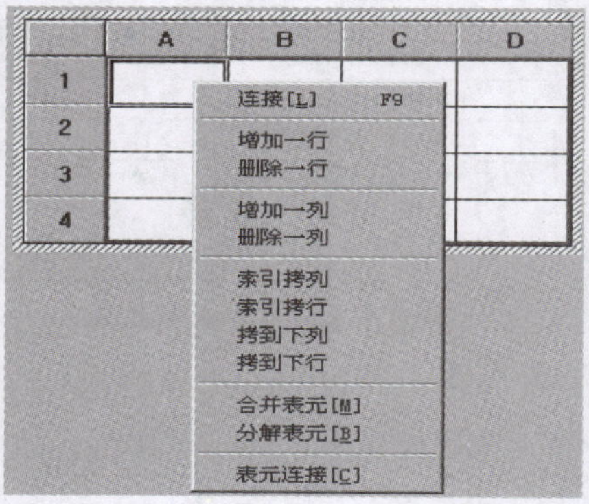

a) 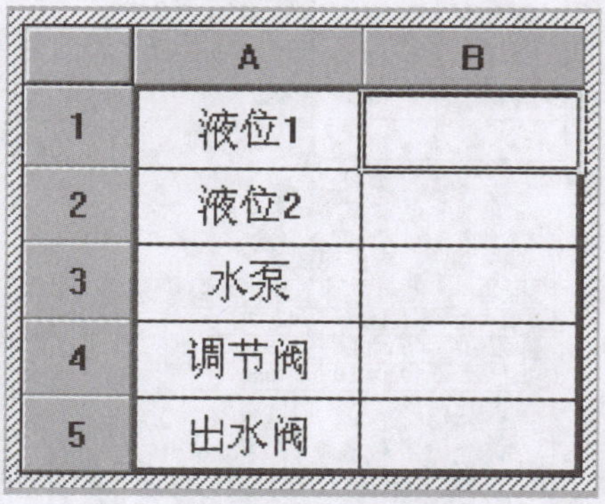　　　　　　　　　　　b)

图 1-44 自由表格

在 R_1C_B[⊖] 处右击鼠标，单击"连接"或直接按"F9"键，再右击鼠标从实时数据库选取所要连接的变量双击或直接输入，如图 1-45 所示。

⊖ R_1C_B 表示第 1 行第 B 列的单元。

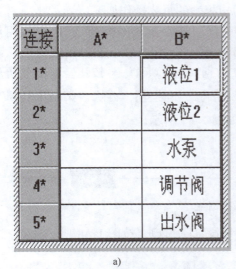
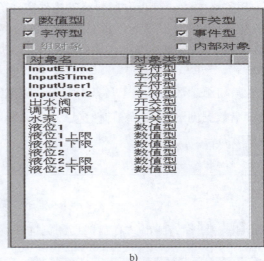

图 1-45 变量连接

在 MCGS 组态平台上,单击"主控窗口",在"主控窗口"中,单击"菜单组态",在工具条中单击"新增菜单项"图标 ,会产生"操作0"菜单。双击"操作0"菜单,弹出"菜单属性设置"窗口,如图 1-46 所示。

图 1-46 菜单属性设置

按"F5"进入运行环境后,单击"菜单名"中的"数据显示"会打开"数据显示"窗口,实时数据显示正确。

2. 历史报表

历史数据报表是从历史数据库中提取数据记录,以一定的格式显示历史数据。实现历史报表有两种方式:一种是用策略中的"存盘数据浏览"构件;另一种是利用"历史表格"构件。

1) 用策略中的"存盘数据浏览"构件实现历史报表的具体操作如下：

在"运行策略"中单击"新建策略"按钮，弹出"选择策略的类型"，选中"用户策略"，按"确认"按钮。单击"策略属性"，弹出"策略属性设置"，把"策略名称"改为"历史数据"，"策略内容注释"设为"水罐的历史数据"，按"确认"按钮。双击"历史数据"进入策略组态环境，从工具条中单击"新增策略行"图标 ，再从"策略工具箱"中单击"存盘数据浏览"，拖放在 上，则显示如图 1-47 所示。

图 1-47　存盘数据浏览

双击 图标，弹出"存盘数据浏览构件属性设置"窗口，按图 1-48 所示设置。

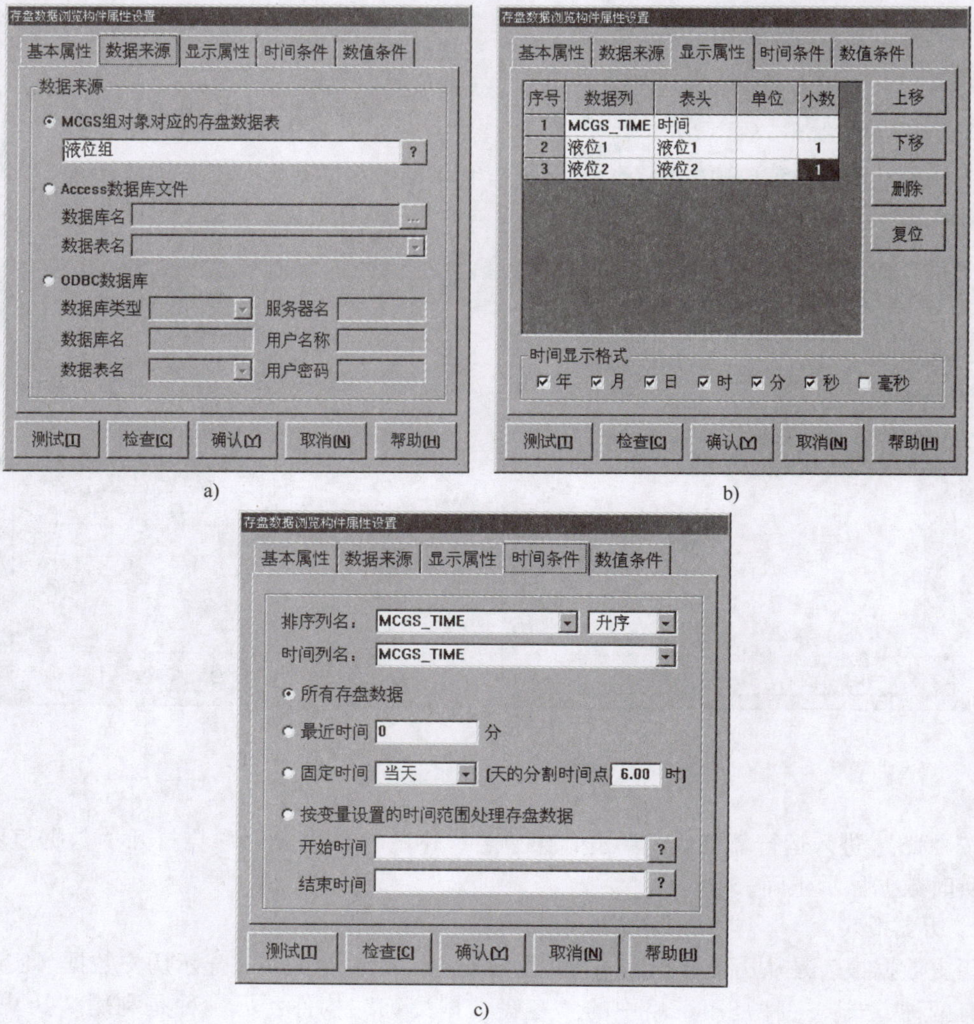

a)

b)

c)

图 1-48　存盘数据浏览构件属性设置

单击“测试”按钮，进入“存盘数据浏览”，如图 1-49 所示。

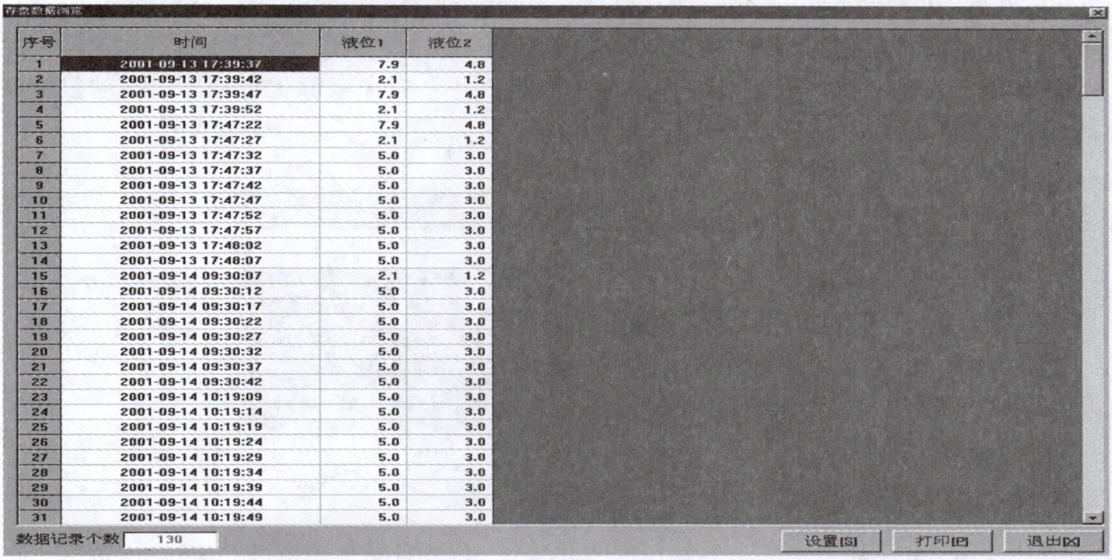

存盘数据浏览

序号	时间	液位1	液位2
1	2001-09-13 17:39:37	7.9	4.8
2	2001-09-13 17:39:42	2.1	1.2
3	2001-09-13 17:39:47	7.9	4.8
4	2001-09-13 17:39:52	2.1	1.2
5	2001-09-13 17:47:22	7.9	4.8
6	2001-09-13 17:47:27	2.1	1.2
7	2001-09-13 17:47:32	5.0	3.0
8	2001-09-13 17:47:37	5.0	3.0
9	2001-09-13 17:47:42	5.0	3.0
10	2001-09-13 17:47:47	5.0	3.0
11	2001-09-13 17:47:52	5.0	3.0
12	2001-09-13 17:47:57	5.0	3.0
13	2001-09-13 17:48:02	5.0	3.0
14	2001-09-13 17:48:07	5.0	3.0
15	2001-09-14 09:30:07	2.1	1.2
16	2001-09-14 09:30:12	5.0	3.0
17	2001-09-14 09:30:17	5.0	3.0
18	2001-09-14 09:30:22	5.0	3.0
19	2001-09-14 09:30:27	5.0	3.0
20	2001-09-14 09:30:32	5.0	3.0
21	2001-09-14 09:30:37	5.0	3.0
22	2001-09-14 09:30:42	5.0	3.0
23	2001-09-14 10:19:09	5.0	3.0
24	2001-09-14 10:19:14	5.0	3.0
25	2001-09-14 10:19:19	5.0	3.0
26	2001-09-14 10:19:24	5.0	3.0
27	2001-09-14 10:19:29	5.0	3.0
28	2001-09-14 10:19:34	5.0	3.0
29	2001-09-14 10:19:39	5.0	3.0
30	2001-09-14 10:19:44	5.0	3.0
31	2001-09-14 10:19:49	5.0	3.0

数据记录个数 130

设置[S]　打印[P]　退出[X]

图 1-49　“存盘数据浏览”画面

单击“退出”按钮，再单击“确认”按钮，退出运行策略时，保存所做修改。如果想在运行环境中看到历史数据，请在“主控窗口”中新增加一个菜单，名称设为“历史数据”，如图 1-50 所示。

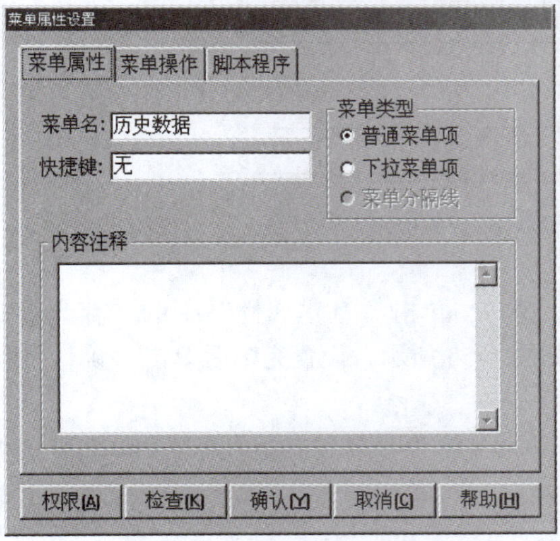

a)

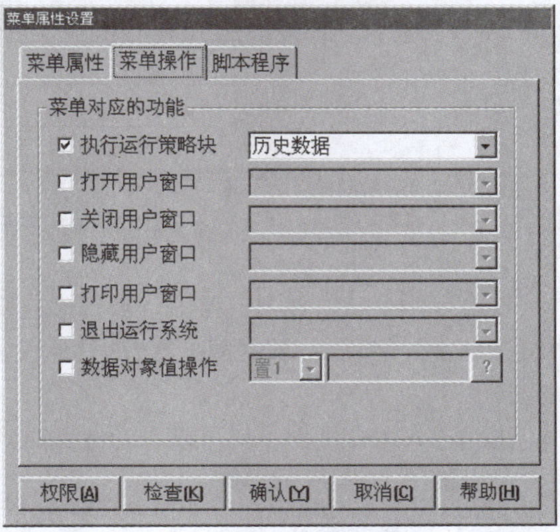

b)

图 1-50　“历史数据”菜单

2）另一种做历史数据报表的方法为利用 MCGS 的“历史表格”构件。“历史表格”构件是基于“Windows 下的窗口”和“所见即所得”机制的，用户可以在窗口上利用“历史表格”构件强大的格式编辑功能配合 MCGS 的画图功能做出各种精美的报表。

利用 MCGS 的"历史表格"构件做历史数据报表的具体操作如下：

在 MCGS 开发平台上，单击"用户窗口"，在"用户窗口"中双击"数据显示"进入，在工具箱中单击"历史表格"图标▦，拖放到桌面，双击表格进入，将鼠标移到 C1 与 C2 之间，当鼠标发生变化时，拖动鼠标改变单元格大小；右击鼠标进行编辑。拖动鼠标从 R2C1 到 R5C3，表格会反黑。如图 1-51 所示。

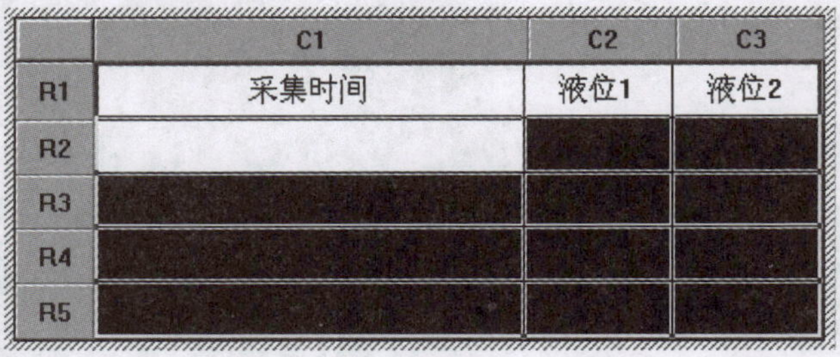

图 1-51　历史表格画面

在表格中右击鼠标，单击"连接"或直接按"F9"，从菜单中单击"表格"，单击"合并单元"或直接单击工具条中"编辑条"图标▦，从编辑条中单击"合并单元"图标▦，会出现反斜杠，如图 1-52 所示。

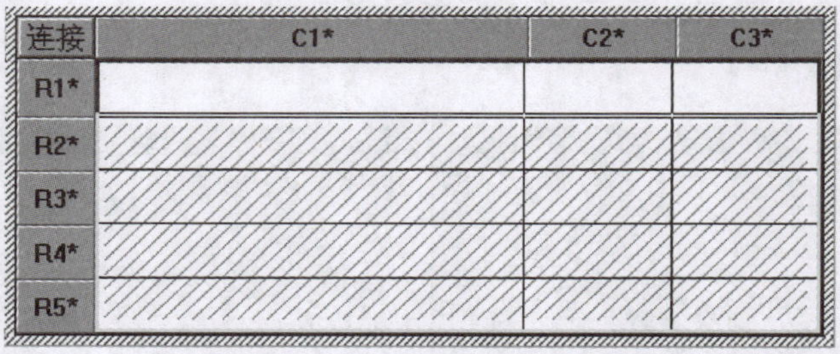

图 1-52　历史表格画面——合并单元

双击表格中反斜杠处，弹出"数据库连接"窗口，单击"基本属性"中的"存盘数据源组态设置"，弹出"数据源配置"，具体设置如图 1-53 所示，设置完毕后单击"确认"按钮退出。

这时进入运行环境，就可以看到自己的劳动成果了。如果只想看到历史数据后面 1 位小数，可以按图 1-54 所示操作。

（二）曲线显示

1. 实时曲线

"实时曲线"构件是用曲线显示一个或多个数据对象数值的动画图形，像笔绘记录仪一样实时记录数据对象值的变化情况。

在 MCGS 组态软件中如何实现实时曲线呢？具体操作如下：

在 MCGS 组态平台上，单击"用户窗口"，在"用户窗口"中双击"数据显示"进入，

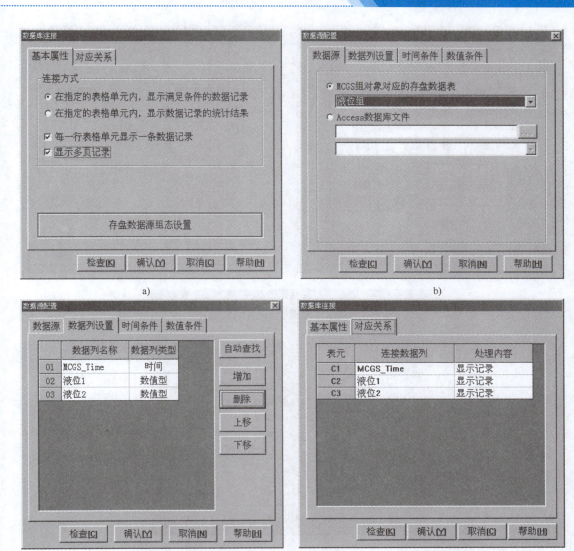

图 1-53 数据库连接

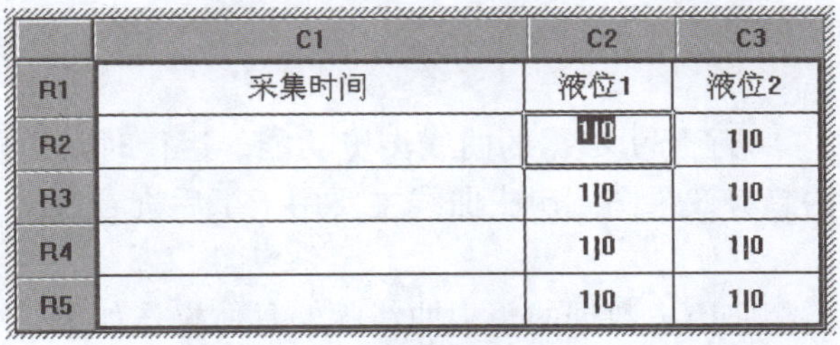

图 1-54 历史数据小数位设定操作

在工具箱中单击"实时曲线"图标，拖放到适当位置调整大小。双击曲线，弹出"实时曲线构件属性设置"窗口，按图 1-55 所示设置。

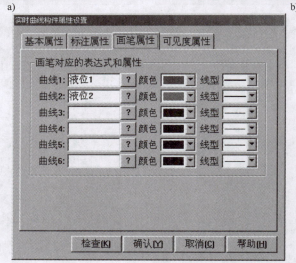

图1-55 "实时曲线构件属性设置"窗口

设置好后按"确认"按钮即可,在运行环境中单击"数据显示"菜单,就可看到实时曲线。双击曲线可以放大曲线。

2. 历史曲线

"历史曲线"构件实现了历史数据的曲线浏览功能。运行时,历史曲线构件能够根据需要画出相应历史数据的趋势效果图。历史曲线主要用于事后查看数据和状态变化趋势和总结规律。

如何根据需要画出相应历史数据的历史曲线呢?具体操作如下:

在"用户窗口"中双击"数据显示",在工具箱中单击"历史曲线"图标 ,拖放到适当位置调整大小。双击曲线,弹出"历史曲线构件属性设置"窗口,按图1-56所示设置,在"历史曲线构件属性设置"中,"液位1"曲线颜色设为"绿色";"液位2"曲线颜色设为"红色"。

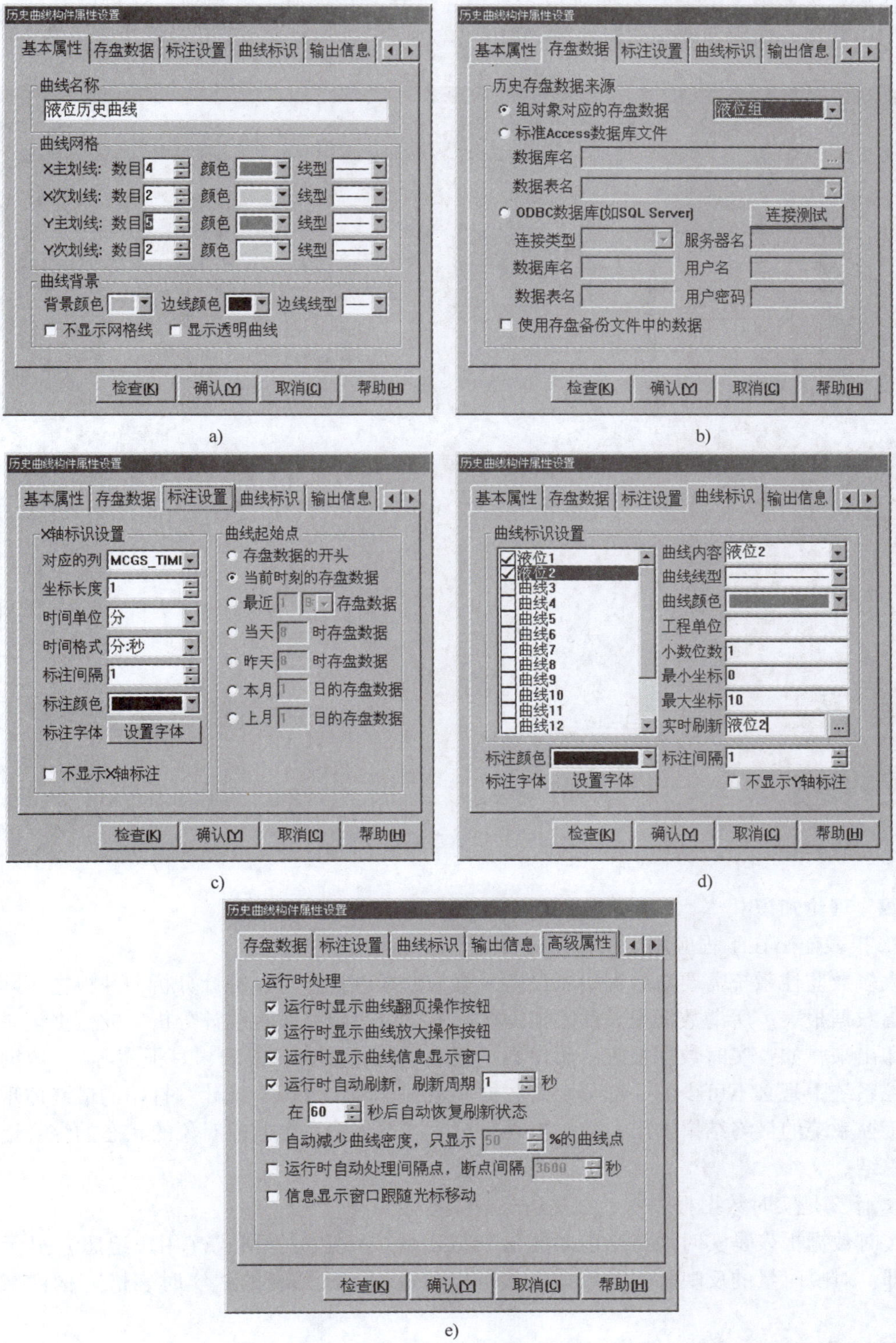

图 1-56　“历史曲线构件属性设置”窗口

在运行环境中,单击"数据显示"菜单,打开"数据显示"窗口,就可以看到实时数据、历史数据、历史曲线和实时曲线,如图1-57所示。

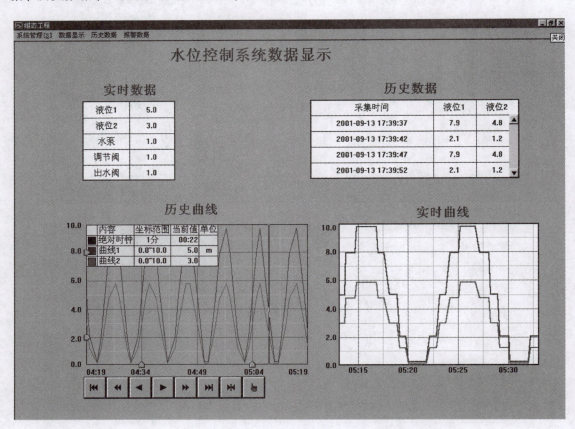

图1-57 "数据显示"窗口

四、理论知识

1. 报表输出在工程应用中的作用是什么

大多数监控系统需要对数据采集设备采集的数据进行存盘、统计分析,并根据实际情况打印出数据报表。所谓数据报表就是根据实际需要以一定格式将统计分析后的数据记录显示和打印出来,如:实时数据报表、历史数据报表(班报表、日报表、月报表等)。数据报表在工控系统中是必不可少的一部分,是数据显示、查询、分析、统计、打印的最终体现,是整个工控系统的最终结果输出;数据报表是对生产过程中系统监控对象的状态的综合记录和规律总结。

2. 什么是实时数据报表?什么是历史数据报表

实时数据报表是实时地将当前时间的数据变量按一定报告格式(用户组态)显示和打印,即:对瞬时量的反映。实时数据报表可以通过MCGS系统的"实时表格"构件来组态显示。

历史数据报表是从历史数据库中提取数据记录,以一定的格式显示历史数据。实现历史数据报表有两种方式:一种用策略中的"存盘数据浏览"构件,另一种利用"历史表格"构件。

3. 曲线显示在实际生产过程控制中有什么作用

对实时数据、历史数据的查看、分析是不可缺少的工作。但对大量数据仅做定量的分析还远远不够，必须根据大量的数据信息画出曲线，分析曲线的变化趋势并从中发现数据变化规律，曲线处理在工控系统中也是一个非常重要的部分。

4. 什么是"实时曲线"构件？什么是历史曲线构件

"实时曲线"构件是用曲线显示一个或多个数据对象数值的动画图形，像笔绘记录仪一样实时记录数据对象值的变化情况。

"历史曲线"构件实现了历史数据的曲线浏览功能。运行时，"历史曲线"构件能够根据需要画出相应历史数据的趋势效果图。历史曲线主要用于事后查看数据和状态变化趋势和总结规律。

五、拓展知识

1. 组态结果检查

在组态过程中，不可避免地会产生各种错误，错误的组态会导致各种无法预料的结果，要保证组态生成的应用系统能够正确运行，必须保证组态结果准确无误。MCGS 提供了多种措施来检查组态结果的正确性，望能密切注意系统提示的错误信息，养成及时发现问题和解决问题的习惯。

（1）随时检查　各种对象的属性设置是组态配置的重要环节，其正确与否直接关系到系统的正常运行。为此，MCGS 大多数属性设置窗口中都设有"检查（C）"按钮，用于对组态结果的正确性进行检查。每当用户完成一个对象的属性设置后，可使用该按钮及时进行检查，如有错误，系统会提示相关的信息。这种随时检查措施，使用户能及时发现错误，并且容易查找出错误的原因，迅速纠正。

（2）存盘检查　在完成用户窗口、设备窗口、运行策略和系统菜单的组态配置后，一般都要对组态结果进行存盘处理。存盘时，MCGS 自动对组态的结果进行检查，发现错误，系统会提示相关的信息。

（3）统一检查　全部组态工作完成后，应对整个工程文件进行统一检查。关闭除工作台窗口以外的其他窗口，用鼠标单击工具条右侧的"组态检查"按钮，或执行"文件"菜单中的"组态结果检查"命令，即开始对整个工程文件进行组态结果正确性检查。

注意：为了提高应用系统的可靠性，尽量避免因组态错误而引起整个应用系统的失效，MCGS 对所有组态有错的地方都在运行时跳过，不进行处理。例如设计系统菜单时，设定某项菜单命令的功能是打开一个用户窗口，而对应的用户窗口并不存在（没有定义或已经删除），则系统运行时对该项操作没有任何反应。如果对系统检查出来的错误不及时进行纠正处理，会使应用系统在运行中发生异常现象，很可能造成整个系统失效。

2. 工程测试

新建工程在 MCGS 组态环境中完成（或部分完成）组态配置后，应当转入 MCGS 运行环境，通过试运行进行综合性测试检查。用鼠标单击工具条中的"进入运行环境"按钮，或操作快捷键 F5，或执行"文件"菜单中的"进入运行环境"命令，即可进入 MCGS 运行环境，启动当前正在组态的工程，对于要实现的功能进行测试。在组态过程中，可随时进入运行环境，完成一部分测试一部分，发现错误及时修改。主要从以下几个方面对新工程进行测试检查：外部设备、系统菜单、动画动作、按钮动作、用户窗口、图形界面和运行策略。

（1）外部设备的测试　外部设备是应用系统操作的主要对象，是通过配置在设备窗口内的设备构件实施测量与控制的。因此，在系统联机运行之前，应首先对外部设备本身和组态配置结果进行测试检查。外部设备包括：硬件设置、供电系统、信号传输、接线接地等各个环节；设备窗口组态配置包括：设备构件的选择及其属性设置是否正确，设备通道与实时数据库数据对象的连接是否正确，确认无误后方可转入联机运行。

（2）系统菜单的测试　联机运行时，先利用设备构件提供的调试功能，给外部设备输入标准信号，观察采集进来的数据是否正确，外部设备在手动信号控制下能否迅速响应，运行工况是否正常等。完成系统菜单命令的测试，包括检查菜单的标题信息是否正确，执行菜单命令操作系统能否正确响应，所完成的功能与组态配置结果是否相符。对有快捷键代替的菜单命令，还应操作快捷键，检查系统响应是否正确。

（3）动画动作的测试　图形对象的动画动作是实时数据库中数据对象驱动的结果，因此，该项测试是对整个系统进行的综合性检查。通过对图形对象动画动作的实际观测，检查与实时数据库建立的连接关系是否正确，动画效果是否符合实际情况，验证画面设计与组态配置的正确性及合理性。动画动作的测试建议分两步进行：首先利用模拟设备产生的数据进行测试，定义若干个测试专用的数据对象，并设定一组典型数值或在运行策略中模拟对象值的变化，测试图形对象的动画动作是否符合设计意图；然后，进行运行过程中的实时数据测试。可设置一些辅助动画，显示关键数据的值，测试图形对象的动画动作是否符合实际情况。

（4）按钮动作的测试　首先检查按钮标签文字是否正确。实际操作按钮，测试系统对按钮动作的响应是否符合设计意图，是否满足实际操作的需要。当设有快捷键时，应检查与系统其他部分的快捷键设置是否冲突。

（5）用户窗口的测试　首先测试用户窗口能否正常打开和关闭，测试窗口的外观（标题、边界、大小、位置）是否符合要求。对于经常打开和关闭的窗口，通过对其执行速度的测试，检查是否将该类窗口设置为内存窗口（在主控窗口中设置）。

（6）图形界面的测试　图形界面由多个用户窗口构成，各个窗口的外观、大小及相互之间的位置关系需要仔细调整和精确定位，才能获得满意的显示效果。在系统综合测试阶段，建议先进行简单布局，重点检查图形界面的实用性及可操作性。待整个应用系统基本完成调试后，再对所有用户窗口的大小及位置关系进行精细的调整。

（7）运行策略的测试　应用系统的运行策略在后台执行，其主要的职责是对系统的运行流程实施有效控制和调度。运行策略本身的正确性难于直接测试，只能从系统运行的状态和反馈信息加以判断分析。建议用户一次只对一个策略块进行测试，测试的方法是创建辅助的用户窗口，用来显示策略块中所用到的数据对象的数值。测试过程中，可以人为地设置某些控制条件，观察系统运行流程的执行情况，对策略的正确性作出判断。同时，还要注意观察策略块运行中系统其他部分的工作状态，检查策略块的调度和操作职能是否正确实施。例如，策略中要求打开或关闭的窗口是否及时打开或关闭，外部设备是否按照策略块中设定的控制条件正常工作。

六、练习

1. 理论题
1) 报表输出在工程应用中的作用是什么?
2) 什么是实时数据报表?什么是历史数据报表?
3) 什么是实时曲线构件?什么是历史曲线构件?

2. 实践题
1) 参考图 1-57 完成水位控制系统实时/历史报表制作。
2) 参考图 1-57 完成水位控制系统实时/历史曲线的制作。

任务 5　　nTouch 嵌入式系统设计

一、教学目标

终极目标：掌握 MCGS nTouch 嵌入式系统的设计方法。

促成目标：
1) 掌握 MCGS 嵌入版组态软件设计方法。
2) 掌握 MCGS 嵌入版工程下载到 nTouch 触摸屏的方法。

二、工作任务

完成上位机嵌入式水位控制系统设计下载到 nTouch 触摸屏，工程最终效果图如图 1-58 所示。

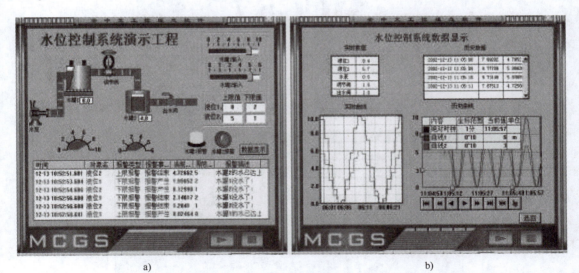

图 1-58　工程最终效果

三、能力训练

1. 上位机的安装

MCGS 嵌入版只有一张安装光盘，具体安装步骤如下：
1) 启动 Windows。
2) 在相应的驱动器中插入光盘。

3）插入光盘后会自动弹出 MCGS 组态软件安装界面（如没有窗口弹出，则从 Windows 的"开始"菜单中选择"运行"命令，运行光盘中的 Autorun.exe 文件），如图 1-59 所示。

4）选择"安装 MCGS 嵌入版组态软件"，启动安装程序开始安装，如图 1-60 所示。

5）随后是一个"欢迎"界面，如图 1-61 所示。

6）单击"下一个"，安装程序将提示指定安装的目录，如果用户没有指定，系统默认安装到 D:\MCGSE 目录下，建议使用默认安装目录，安装过程将持续数分钟，如图 1-62 所示。

图 1-59　MCGS 嵌入版安装界面

图 1-60　MCGS 嵌入版组态软件启动安装界面

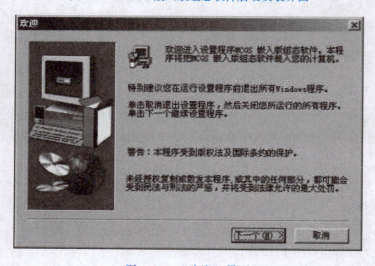

图 1-61　"欢迎"界面

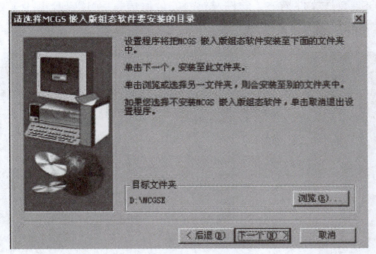

图 1-62　安装程序界面

7）安装过程完成后，系统将弹出"安装完成"对话框，上面有两种选择："是，我现在要重新启动计算机"和"不，我将稍后重新启动计算机"，建议选择"是，我现在要重新启动计算机"，单击"结束"按钮，结束安装，如图 1-63 所示。

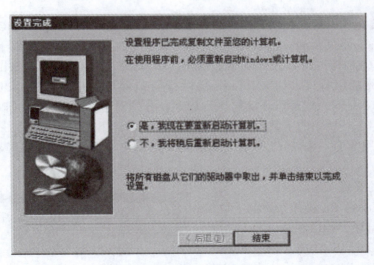

图 1-63　安装完成界面

8）安装完成后，Windows 操作系统的桌面上添加了图 1-64 所示的两个图标，分别用于启动 MCGS 嵌入式组态环境和模拟环境。

9）Windows 同时在"开始"菜单中也添加了相应的 MCGS 嵌入版组态软件程序组，此程序组包括五项内容：MCGSE 组态环境、MCGSE 模拟环境、MCGSE 自述文件、MCGSE 电子文档以及卸载 MCGSE 嵌入版。MCGSE 组态环境是嵌入版的组态环境；MCGSE 模拟环境是嵌入版的模拟

图 1-64　桌面图标

运行环境；MCGSE 自述文件描述了软件发行时的最后信息；MCGSE 电子文档则包含了有关 MCGS 嵌入版最新的帮助信息。如图 1-65 所示。

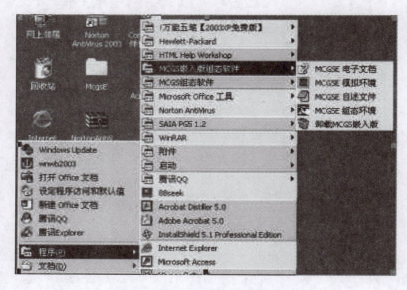

图 1-65　MCGSE 电子文档界面

在系统安装完成以后，在用户指定的目录下（或者是默认目录 D：\ MCGSE），存在三个子文件夹：Program、Samples、Work。Program 子文件夹中，可以看到以下两个应用程序 McgsSetE.exe、CEEMU.exe 以及 MCGSCE.X86、MCGSCE.ARMV4。McgsSetE.exe 是运行嵌入版组态环境的应用程序；CEEMU.exe 是运行模拟环境的应用程序；MCGSCE.X86 和 MCGSCE.ARMV4 是嵌入式运行环境的执行程序，分别对应 X86 类型的 CPU 和 ARM 类型的 CPU，通过组态环境中的下载对话框的高级功能下载到下位机中运行，是下位机中实际运行环境的应用程序。样例工程在 Samples 中，用户自己组态的工程将默认保存在 Work 中。

2. 下位机的安装

安装有 Windows CE 操作系统的下位机在出厂时已经配置了 MCGS 嵌入版的运行环境，即下位机的 HardDisk \ MCGSBIN \ McgsCE.exe。只需把 MCGS 嵌入版下位机的运行环境通过上位机配置到下位机。方法如下：

1）启动上位机上的 MCGSE 组态环境，在组态环境下选择工具菜单中的"下载配置"，将弹出下载配置对话框，连接好下位机，如图 1-66 所示。

2）"连接方式"选择"TCP/IP 网络"，并在"目标机名"框内写上下位机的 IP 地

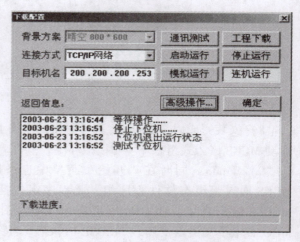

图 1-66　下载配置界面

址，选择"高级操作"，弹出高级操作设置页，如图1-67所示。在"更新文件"框中输入嵌入式运行环境的文件名（组态环境会自动判断下位机CPU的类型，并自动选择MCGSCE.X86或MCGSCE.ARMV4）所在路径，然后单击"开始更新"按钮，完成更新下位机的运行环境，然后再重新启动下位机即可。

3. 上位机组态设计

因嵌入版和通用版具有相同的操作理念、人机界面及组态平台，上位机的组态按通用版设计方式完成。

图1-67　TCP/IP网络连接界面

4. MCGS嵌入版系统的下载配置

MCGS嵌入版组态软件包括组态环境、运行环境、模拟运行环境三部分。文件McgsSetE.exe对应于组态环境，文件McgsCE.exe对应于运行环境，文件CEEMU.exe对应于模拟运行环境。其中，组态环境和模拟运行环境运行在上位机中；运行环境安装在下位机中。组态环境是用户组态工程的平台。模拟运行环境可以在PC上模拟工程的运行情况，用户可以不必连接下位机，对工程进行检查。运行环境是下位机真正的运行环境。当组态好一个工程后，可以在上位机的模拟运行环境中试运行，以检查是否符合组态要求。也可以将工程下载到下位机中，在实际环境中运行。下载新工程到下位机时，如果新工程与旧工程不同，将不会删除磁盘中的存盘数据；如果是相同的工程，但同名组对象结构不同，则会删除该组对象的存盘数据。在组态环境下选择工具菜单中的下载配置，将弹出"下载配置"对话框，选择好背景方案，如图1-68所示。

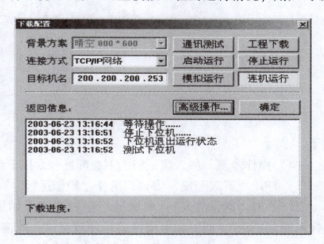

图1-68　背景方案选择

(1) 背景方案　背景方案用于设置模拟运行环境屏幕的分辨率。用户可根据需要选择选项：①标准320*240；②<![endif]>标准640*480；③标准800*600；④标准1024*768；⑤晴空320*240；⑥<![endif]>晴空640*480；⑦晴空800*600；⑧晴空1024*768。

(2) 连接方式　连接方式用于设置上位机与下位机的连接方式。包括两个选项：

1) TCP/IP网络：通过TCP/IP网络连接。选择此项时，下方显示"目标机名"输入框，用于指定下位机的IP地址。

2) 串口通信：通过串口连接。选择此项时，下方显示"串口选择"输入框，用于指定与下位机连接的串口号。

(3) 功能按钮　功能按钮包括：

1）通讯测试：用于测试通信情况。

2）工程下载：用于将工程下载到模拟运行环境或下位机的运行环境中。

3）启动运行：启动嵌入式系统中的工程运行。

4）停止运行：停止嵌入式系统中的工程运行。

5）模拟运行：工程在模拟运行环境下运行。

6）连机运行：工程在实际的下位机中运行。

7）高级操作：单击"高级操作"按钮弹出图1-69所示对话框，该对话框包含以下选项：

①获取序列号：获取TPC的运行序列号，每一台TPC都有一个唯一的序列号，以及一个标明运行环境可用点数的注册码文件；②下载注册码：将已存在的注册码文件下载到下位机中；③设置IP地址：用于设置下位机IP地址；④复位工程：用于将工程恢复到下载时状态；⑤退出：退出高级操作。

图1-69　"高级操作"界面

(4) 操作步骤　嵌入版系统的下载配置包含以下步骤：

1）打开"下载配置"窗口，选择"模拟运行"。

2）单击"通讯测试"，测试通信是否正常。如果通信成功，在返回信息框中将提示"通讯测试正常"。同时弹出模拟运行环境窗口，此窗口打开后，将以最小化形式，在任务栏中显示。如果通信失败，将在返回信息框中提示"通讯测试失败"。

3）单击"工程下载"，将工程下载到模拟运行环境中。如果工程正常下载，将提示："工程下载成功！"。

4）单击"启动运行"，模拟运行环境启动，模拟环境最大化显示，即可看到工程正在运行。如图1-58所示。

5）单击下载配置中的"停止运行"按钮，或者模拟运行环境窗口中的停止按钮，工程停止运行；单击模拟运行环境窗口中的关闭按钮，窗口关闭。

四、理论知识

1. 嵌入版与通用版相同之处

1）相同的操作理念：嵌入版和通用版一样，组态环境是简单直观的可视化操作界面，通过简单的组态实现应用系统的开发，无需具备计算机编程的知识，就可以在短时间内开发出一个运行稳定的具备专业水准的计算机应用系统。

2）相同的人机界面：它的人机界面的组态和通用版人机界面基本相同。可通过动画组态来反映实时的控制效果，也可进行数据处理，形成历史曲线、报表等，并且可以传递控制参数到实时控制系统。

3）相同的组态平台：嵌入版和通用版的组态平台是相同的，都是运行于 Windows 95/98/Me/NT/2000 等操作系统中。

4）相同的硬件操作方式：嵌入版和通用版都是通过挂接设备驱动来实现和硬件的数据交互，这样用户不必了解硬件的工作原理和内部结构，通过设备驱动的选择就可以轻松地实现计算机和硬件设备的数据交互。

2. 嵌入版与通用版的不同之处

1）功能作用不同：虽然嵌入版中也集成了人机交互界面，但嵌入版是专门针对实时控制而设计的，应用于实时性要求高的控制系统中，而通用版组态软件主要应用于实时性要求不高的监测系统中，它的主要作用是用来做监测和数据后台处理，比如动画显示、报表等，当然对于完整的控制系统来说二者都是不可或缺的。

2）运行环境不同：嵌入版运行于嵌入式实时多任务操作系统 WindowsCE；通用版运行于 Microsoft Windows95/98/Me/NT/2000 等操作系统中。

3）体系结构不同：嵌入版的组态和通用版的组态都是在通用计算机环境下进行的，但嵌入版的组态环境和运行环境是分开的，在组态环境下组态好的工程要下载到嵌入式系统中运行，而通用版的组态环境和运行环境是在一个系统中。

3. 与通用版相比，嵌入版新增功能包括

1）模拟环境的使用：嵌入式版本的模拟环境 CEEMU.exe 的使用，解决了用户组态时必须将 PC 与嵌入式系统相连的问题，用户在模拟环境中就可以查看组态的界面美观性、功能的实现情况以及性能的合理性。

2）嵌入式系统函数：通过函数的调用，可以对嵌入式系统进行内存读/写、串口参数设置及磁盘信息读取等操作。

3）工程下载配置：可以使用串口或 TCP/IP 进行与下位机的通信，同时可以监控工程下载情况。

4）中断策略：在策略中的中断实现时，该策略启动。

4. 与通用版相比，嵌入版不能使用的功能包括

1）动画构件中的文件播放、存盘数据处理、多行文本、格式文本、设置时间、条件曲线、相对曲线及通用棒图。

2）策略构件中的音频输出、Excel 报表输出、报警信息浏览、存盘数据拷贝、存盘数据浏览、修改数据库、存盘数据提取及设置时间范围构件。

3）脚本函数中不能使用的有：运行环境操作函数中!SetActiveX、!CallBackSvr，数据对象操作函数中!GetEventDT、!GetEventT、!GetEventP、!DelSaveDat，系统操作中!EnableDDEConnect、!EnableDDEInput、!EnableDDEOutput、!DDEReconnect、!ShowDataBackup、!Navigate、!Shell、!AppActive、!TerminateApplication、!Winhelp，ODBC 数据库函数、配方操作。

4）数据后处理，包括：Access、ODBC 数据库访问功能。

5）远程监控。

5. MCGS 嵌入版的主要特性和功能

MCGS 嵌入版是在 MCGS 通用版的基础上开发的,专门应用于嵌入式计算机监控系统的组态软件,MCGS 嵌入版包括组态环境和运行环境两部分,它的组态环境能够在基于 Microsoft 的各种 32 位 Windows 平台上运行,运行环境则是在实时多任务嵌入式操作系统 WindowsCE 中运行。适应于应用系统对功能、可靠性、成本、体积、功耗等综合性能有严格要求的专用计算机系统。通过对现场数据的采集处理,以动画显示、报警处理、流程控制和报表输出等多种方式向用户提供解决实际工程问题的方案,在自动化领域有着广泛的应用。此外 MCGS 嵌入版还带有一个模拟运行环境,用于对组态后的工程进行模拟测试,方便用户对组态过程的调试。

6. MCGS 嵌入版组态软件的主要功能

1) 简单灵活的可视化操作界面。MCGS 嵌入版采用全中文、可视化、面向窗口的开发界面,符合中国人的使用习惯和要求。以窗口为单位,构造用户运行系统的图形界面,使得 MCGS 嵌入版的组态工作既简单直观,又灵活多变。

2) 实时性强、有良好的并行处理性能。MCGS 嵌入版是真正的 32 位系统,充分利用了 32 位 WindowsCE 操作平台的多任务、按优先级分时操作的功能,以线程为单位对在工程作业中实时性强的关键任务和实时性不强的非关键任务进行分时并行处理,使嵌入式 PC 广泛应用于工程测控领域成为可能。例如,MCGS 嵌入版在处理数据采集、设备驱动和异常处理等关键任务时,可在主机运行周期时间内插空进行像打印数据一类的非关键性工作,实现并行处理。

3) 丰富、生动的多媒体画面。MCGS 嵌入版以图像、图符、报表、曲线等多种形式,为操作员及时提供系统运行中的状态、品质及异常报警等相关信息;用大小变化、颜色改变、明暗闪烁、移动翻转等多种手段,增强画面的动态显示效果;对图元、图符对象定义相应的状态属性,实现动画效果。MCGS 嵌入版还为用户提供了丰富的动画构件,每个动画构件都对应一个特定的动画功能。

4) 完善的安全机制。MCGS 嵌入版提供了良好的安全机制,可以为多个不同级别用户设定不同的操作权限。此外,MCGS 嵌入版还提供了工程密码功能,以保护组态开发者的成果。

5) 强大的网络功能。MCGS 嵌入版具有强大的网络通信功能,支持串口通信、Modem 串口通信、以太网 TCP/IP 通信,不仅可以方便快捷地实现远程数据传输,还可以与网络版相结合,通过 Web 浏览功能,在整个企业范围内浏览监测到所有生产信息,实现设备管理和企业管理的集成。

6) 多样化的报警功能。MCGS 嵌入版提供多种不同的报警方式,具有丰富的报警类型,方便用户进行报警设置,并且系统能够实时显示报警信息,对报警数据进行应答,为工业现场安全可靠地生产运行提供有力的保障。

7) 实时数据库为用户分步组态提供了极大方便。MCGS 嵌入版由主控窗口、设备窗口、用户窗口、实时数据库和运行策略五个部分构成,其中实时数据库是一个数据处理中心,是系统各个部分及其各种功能性构件的公用数据区,是整个系统的核心。各个部件独立地向实时数据库输入和输出数据,并完成自己的差错控制。在生成用户应用系统时,每一部分均可分别进行组态配置,独立建造,互不相干。

8）支持多种硬件设备，实现"设备无关"。MCGS 嵌入版针对外部设备的特征，设立设备工具箱，定义多种设备构件，建立系统与外部设备的连接关系，赋予相关的属性，实现对外部设备的驱动和控制。用户在设备工具箱中可方便选择各种设备构件。不同的设备对应不同的构件，所有的设备构件均通过实时数据库建立联系，而建立时又是相互独立的，即对某一构件的操作或改动，不影响其他构件和整个系统的结构，因此 MCGS 嵌入版是一个"设备无关"的系统，用户不必担心因外部设备的局部改动而影响整个系统。

9）方便控制复杂的运行流程。MCGS 嵌入版开辟了"运行策略"窗口，用户可以选用系统提供的各种条件和功能的策略构件，用图形化的方法和简单的类 Basic 语言构造多分支的应用程序，按照设定的条件和顺序，操作外部设备，控制窗口的打开或关闭，与实时数据库进行数据交换，实现自由、精确地控制运行流程，同时也可以由用户创建新的策略构件，扩展系统的功能。

10）良好的可维护性。MCGS 嵌入版系统由五大功能模块组成，主要的功能模块以构件的形式来构造，不同的构件有着不同的功能，且各自独立。三种基本类型的构件（设备构件、动画构件、策略构件）完成了 MCGS 嵌入版系统的三大部分（设备驱动、动画显示和流程控制）的所有工作。

11）用自建文件系统来管理数据存储，系统可靠性更高。由于 MCGS 嵌入版不再使用 ACCESS 数据库来存储数据，而是使用了自建的文件系统来管理数据存储，所以与 MCGS 通用版相比，MCGS 嵌入版的可靠性更高，在异常掉电的情况下也不会丢失数据。

12）设立对象元件库，组态工作简单方便。对象元件库，实际上是分类存储各种组态对象的图库。组态时，可把制作完好的对象（包括图形对象、窗口对象、策略对象以及位图文件等）以元件的形式存入图库中，也可把元件库中的各种对象取出，直接为当前的工程所用，随着工作的积累，对象元件库将日益扩大和丰富。这样解决了组态结果的积累和重新利用问题。组态工作将会变得越来越简单方便。

总之，MCGS 嵌入版组态软件具有强大的功能，并且操作简单，易学易用，普通工程人员经过短时间的培训就能迅速掌握多数工程项目的设计和运行操作。同时使用 MCGS 嵌入版组态软件能够避开复杂的嵌入版计算机软、硬件问题，而将精力集中于解决工程问题本身，根据工程作业的需要和特点，组态配置出高性能、高可靠性和高度专业化的工业控制监控系统。

7. MCGS 嵌入版组态软件的主要特点

1）容量小：整个系统最低配置只需要极小的存储空间，可以方便地使用 DOC 等存储设备。

2）速度快：系统的时间控制精度高，可以方便地完成各种高速采集系统，满足实时控制系统要求。

3）成本低：使用嵌入式计算机，大大降低设备成本。

4）真正嵌入：运行于嵌入式实时多任务操作系统。

5）稳定性高：无硬盘，内置看门狗，上电重启时间短，可在各种恶劣环境下稳定、长时间运行。

6）功能强大：提供中断处理，定时扫描精度可达到毫秒级，提供对计算机串口、内存、端口的访问，并可以根据需要灵活组态。

7)通信方便:内置串行通信功能、以太网通信功能、Web 浏览功能和 Modem 远程诊断功能,可以方便地实现与各种设备进行数据交换、远程采集和 Web 浏览。

8)操作简便:MCGS 嵌入版采用的组态环境,继承了 MCGS 通用版与网络版简单易学的优点,组态操作既简单直观,又灵活多变。

9)支持多种设备:提供了所有常用的硬件设备的驱动。

10)有助于建造完整的解决方案:MCGS 嵌入版组态环境运行于具备良好人机界面的 Windows 操作系统上,具备与北京昆仑通态公司已经推出的通用版本组态软件和网络版组态软件相同的组态环境界面,可有效帮助用户建造从嵌入式设备、现场监控工作站到企业生产监控信息网在内的完整解决方案;并有助于用户开发的项目在这三个层次上的平滑迁移。

五、练习

1. 理论题

1)MCGS 组态软件嵌入版与通用版的相同之处?不同之处?

2)MCGS 嵌入版组态软件有哪些主要特点?

2. 实践题

1)完成图 1-58 所示的上位机嵌入式水位控制系统设计并完成模拟运行。

2)下载到 nTouch 触摸屏并进入运行程序调试。

模块二
加热反应炉系统设计

一、教学目标

终极目标：能够完成 MCGS 安全机制设置及多台 PLC 的连接方法及数字/模拟量的处理，掌握与大型生产设备相关的组态控制方式。

促成目标：

1）掌握上位机界面设计及数字/模拟量的处理方法。
2）掌握组态软件与多台 PLC 连接。
3）掌握 MCGS 组态软件安全机制设置。

二、工作任务

完成图 2-1 所示的 MCGS-S7-200 加热反应炉监控系统设计。

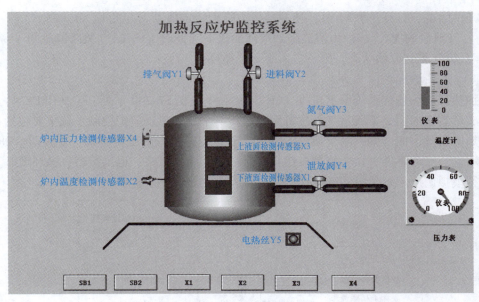

图 2-1　加热反应炉监控系统

任务 1　工程分析

一、教学目标

终极目标：能完成 MCGS 工程的分析。

促成目标：

1) 完成工程分析。
2) 定义数据对象。

二、工作任务

完成加热反应炉的工程分析。

三、能力训练

(一) 系统控制要求

按启动按钮后,系统运行;按停止按钮后,系统停止。两者信号总相反。控制流程分为:

1) 送料控制:

① 检测下液面 X1、炉内温度 X2、炉内压力 X4 是否都小于给定值(都为"0")。若是,则开启排气阀 Y1 和进料阀 Y2。

② 当液位上升到上液面 X3 时,应关闭排气阀 Y1 和进料阀 Y2。

③ 延时 10s,开启氮气阀 Y3,氮气进入反应炉,炉内压力上升。

④ 当压力上升到给定值时,即 X4 = 1,关断氮气阀,送料结束。

2) 加热反应控制:

① 接通加热炉电源 Y5。

② 当温度升到给定值时(此时信号 X2 = 1),切断加热电源,加热过程结束。

3) 泄放控制:

① 延时 10s,打开排气阀 Y1,使炉内压力降到给定值以下(此时 X4 = 0)。

② 打开泄放阀 Y4,当炉内溶液降到下液面以下(此时 X1 = 0),关闭泄放阀 Y4 和排气阀 Y1。系统恢复到原始状态,准备进入下一个循环。

(二) 系统构成

本加热反应炉监控系统由上位机(MCGS)和下位机 S7-200 系列 PLC(CPU224)构成,系统构成示意图如图 2-2 所示。上位机用户窗口一个;加热反应炉控制系统主要包括:加热炉、加热电阻丝、四个阀、两个液位传感器、压力传感器、温度传感器、温度计、压力表、加热指示灯、流动管件、六个控制按钮;策略三个:启动策略、退出策略、循环策略。上位机可进行模拟调度。下位机实现手动控制,可完成状态调整及检修。

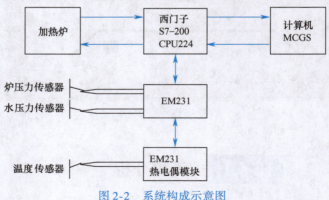

图 2-2 系统构成示意图

根据系统控制要求和系统构成的分析,确定系统的输入/输出变量,见表 2-1,MCGS 数据对象见表 2-2。

表 2-1　系统的输入/输出变量表

输　　入			输　　出		
MCGS	S7-200	作　　用	MCGS	S7-200	作　　用
X1	I0.0	下液位	反应炉启动	Q0.1	启动反应炉
X2		炉内温度	Y1	Q0.3	排气阀
X3	I0.1	上液位	Y2	Q0.4	进料阀
SB1	I0.2	起动反应炉	Y3	Q0.5	氮气阀
SB2	I0.3	停止反应炉	Y4	Q0.6	泄放阀
VW1	AIW0	炉内温度			
X4		炉内压力	Y5	Q0.7	电热丝指示灯
VW2	AIW8	炉内压力			
水	AIW10	水位			

表 2-2　MCGS 数据对象一览表

变 量 名 称	类　　型	备　　注
SB1	开关型	启动反应炉
SB2	开关型	停止反应炉
X1	开关型	下液面是否超过值
X2	开关型	炉内温度值
X3	开关型	上液面是否超过值
X4	开关型	炉内压力值
Y1	开关型	排气阀打开或关闭
Y2	开关型	进料阀打开或关闭
Y3	开关型	氮气阀打开或关闭
Y4	开关型	泄放阀打开或关闭
Y5	开关型	加热器打开或关闭
ZHV1	开关型	定时器时间到
ZHV2	开关型	定时器启动
ZHV3	数值型	定时器当前值
水	数值型	炉内水的高度
温度	数值型	炉内温度值
压力	数值型	炉内压力值
阶段	数值型	系统所处的运行阶段

四、理论知识

（一）组建新工程的一般过程

1）工程项目系统分析：分析工程项目的系统构成、技术要求和工艺流程，弄清系统的控制流程和监控对象的特征，明确监控要求和动画显示方式，分析工程中的设备采集及输出通道与软件中实时数据库变量的对应关系，分清哪些变量是要求与设备连接的，哪些变量是软件内部用来传递数据及动画显示的。

2）工程立项搭建框架：MCGS 称为建立新工程。主要内容包括：定义工程名称、封面窗口名称和启动窗口（封面窗口退出后接着显示的窗口）名称，指定存盘数据库文件的名称以及存盘数据库，设定动画刷新的周期。经过此步操作，即在 MCGS 组态环境中建立了由五部分组成的工程结构框架。封面窗口和启动窗口也可等到建立了用户窗口后再行建立。

3）设计菜单基本体系：为了对系统运行的状态及工作流程进行有效的调度和控制，通常要在主控窗口内编制菜单。编制菜单分两步进行，第一步首先搭建菜单的框架，第二步再对各级菜单命令进行功能组态。在组态过程中，可根据实际需要，随时对菜单的内容进行增加或删除，不断完善工程的菜单。

4）制作动画显示画面：动画制作分为静态图形设计和动态属性设置两个过程。前一部分类似于画画，用户通过 MCGS 组态软件中提供的基本图形元素及动画构件库，在用户窗口内"组合"成各种复杂的画面。后一部分则设置图形的动画属性，与实时数据库中定义的变量建立相关性的连接关系，作为动画图形的驱动源。

5）编写控制流程程序：在运行策略窗口内，从策略构件箱中选择所需功能策略构件，构成各种功能模块（称为策略块），由这些模块实现各种人机交互操作。MCGS 还为用户提供了编程用的功能构件（称之为"脚本程序"功能构件），使用简单的编程语言编写工程控制程序。

6）完善菜单按钮功能：包括对菜单命令、监控器件、操作按钮的功能组态；实现历史数据、实时数据、各种曲线、数据报表、报警信息输出等功能；建立工程安全机制等。

7）编写程序调试工程：利用调试程序产生的模拟数据，检查动画显示和控制流程是否正确。

8）连接设备驱动程序：选定与设备相匹配的设备构件，连接设备通道，确定数据变量的数据处理方式，完成设备属性的设置。此项操作在设备窗口内进行。

9）工程完工综合测试：最后测试工程各部分的工作情况，完成整个工程的组态工作，实施工程交接。

注意：以上步骤只是按照组态工程的一般思路列出的。在实际组态中，有些过程是交织在一起进行的，用户可根据工程的实际需要和自己的习惯，调整步骤的先后顺序，而并没有严格的限制与规定。列出以上的步骤是为了帮助学生了解 MCGS 组态软件使用的一般过程，以便于用户快速学习和掌握 MCGS 工控组态软件。

（二）鼠标操作

灵活运用鼠标可有效地提高工作效率，常用鼠标操作见表 2-3。

表 2-3　鼠标操作

操　作	方　式
选中对象	鼠标指针指向对象，单击鼠标（该对象出现蓝色阴影）
单击鼠标	鼠标指针指向对象，单击鼠标
右击鼠标	鼠标指针指向对象，右击鼠标，弹出便捷菜单（或称为右键菜单）
鼠标双击	鼠标指针指向对象，快速连续点击鼠标左键两次
鼠标拖拽	鼠标指针指向对象，按住鼠标左键，移动鼠标，对象随鼠标移动到指定位置，松开左键，即完成鼠标拖拽操作

五、拓展知识

（一）动画制作

1. 封面制作

封面窗口是工程运行后第一个显示的图形界面，演示工程的封面窗口样式如图 2-3 所示。

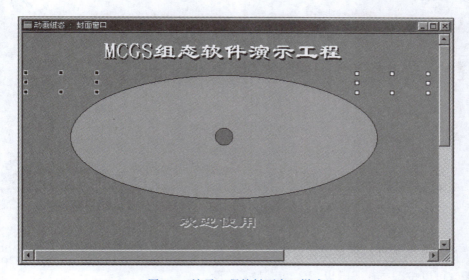

图 2-3 演示工程的封面窗口样式

（1）封面窗口属性设置　在 MCGS 组态软件开发平台上，单击"用户窗口"进入，再单击"新建窗口"按钮，生成"窗口 0"。选中"窗口 0"，单击"窗口属性"按钮，弹出"用户窗口属性设置"，按图 2-4 所示设置，设置完毕单击"确认"按钮，退出。

（2）立体文字效果设计　立体文字是通过两个文字颜色不同、没有背景（背景颜色与窗口相同）的文字标签重叠而成的。首先应了解一个概念，就是"层"的概念。所谓"层"，指的是图形显示的前后顺序，位于上"层"的物体，必然遮盖下"层"的物体。应用到这里，就是利用两种不同颜色的文字，它们位于不同的"层"（显示的前后顺序不同），X-Y 坐标也不相同。要点是：建立一个文字标签框图，在框图内输入文字，采用"拷贝"的方法复制另

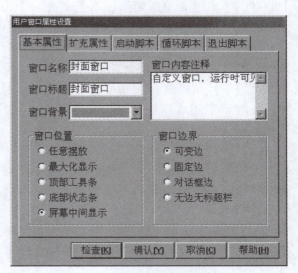

图 2-4 用户窗口属性设置

一个文字框图，两个文字框图除设置不同的字体颜色之外，其他属性内容完全相同。两个文本框重叠在一起，利用工具条中的层次调整按钮，改变两者之间的前后层次和相对位置，使

上面的文字遮盖下面文字的一部分，形成立体的效果。如实现图 2-3 中的"MCGS 组态软件演示工程"立体文字效果，可以按图 2-5 所示设置，颜色为"黑色"的放在下面，颜色为"白色"的放在上面，然后通过上下左右键进行调整。"欢迎使用"实现方法也一样。

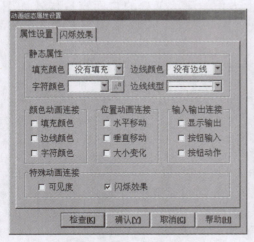

a) 上层文字设置　　　　　　　　　　　　b) 下层文字设置

图 2-5　立体文字设置

（3）闪烁效果设计　如果要在运行过程中让"MCGS 组态软件演示工程"闪烁，增加动画效果，可以按图 2-6 所示设置，"表达式"设为"1"，表示条件永远成立，如图 2-6 所示。

（4）时间日期输出设计　"封面窗口"中左上侧有一个黑色无框的矩形，右上侧有一个白色无框的矩形，这是用工具箱中的"标签"实现的，左上侧在运行时显示当前日期，右上侧在运行时显示当前时钟。日期输出设置如图 2-7 所示，时钟属性设置与日期属性设置相似，只需要把"显示输出"的"表达式"中的"日期"改为"时间"即可。

（5）小球运动轨迹设计　"封面窗口"中有一个大的椭圆，一个小球，在运行过程中小球绕着椭圆的圆周按顺时针周而复始地运动。具体操作如下：

图 2-6　闪烁、增加动画效果设置

在工具箱中选中"椭圆"，拖放到桌面，将其大小调整为"480×200"，"填充颜色"设置为"草青色"。在"查看"菜单中单击"状态条"打开状态条，可以根据右下角的大小调整。小球大小调整为"28×28"，位置位于椭圆的中心，如图 2-8 所示。小球的定位与属性设置如图 2-9 所示。

（6）循环策略设计　在 MCGS 组态软件开发平台上，单击"运行策略"，再双击"循环策略"或选中"循环策略"，单击"策略组态"进入策略组态中。从工具条中单击"新增

模块二 加热反应炉系统设计

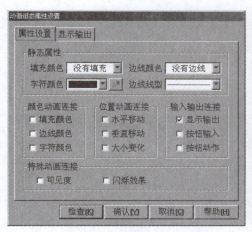
a) 属性设置

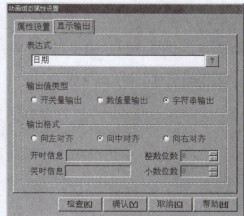
b) 显示输出设置

图 2-7 日期输出设置

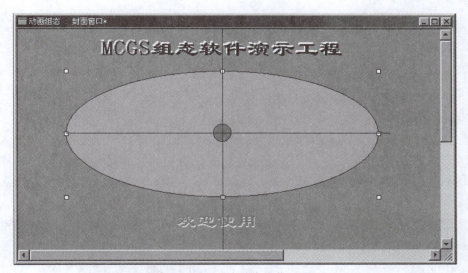

图 2-8 椭圆、小球大小位置设置

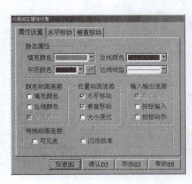
a) 属性设置

b) 水平轨迹属性设置

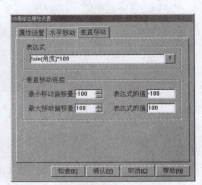
c) 垂直轨迹属性设置

图 2-9 小球的定位与属性设置

策略行"图标 ![icon]，新增加一个策略行。再从"策略工具箱"中选取"脚本程序"，拖到策略行  上，单击鼠标，如图 2-10 所示，"循环时间"设为"200ms"。

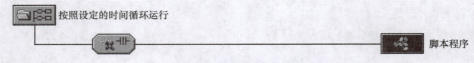

图 2-10 循环时间设定

双击  进入脚本程序编辑环境，输入下面的程序：

角度 = 角度 + 3.14/180 * 2
IF 角度 >= 3.14 THEN
    角度 = -3.14
ELSE
    角度 = 角度 + 3.14/180 * 2
ENDIF
日期 = $ Date
时间 = $ Time

把"标注"设置为"封面动画日期时间"。

2. 动画效果

（1）主控窗口设计　在 MCGS 组态软件开发平台上，单击"主控窗口"进入，选中"主控窗口"，单击"系统属性"按钮，弹出"主控窗口属性设置"对话框，具体设置如图 2-11 所示，在"基本属性"中把"封面显示时间"设为"30s"，"封面窗口"选中"封面窗口"。

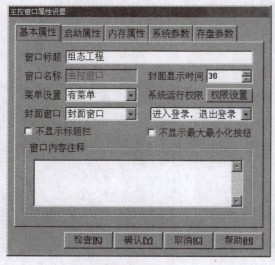

a) 封面显示时间设置　　　　　　b) 自动进入画面设置

图 2-11 主控窗口设计

（2）运行效果　按"F5"进入运行环境，首先运行的是"封面窗口"，如果不操作键盘与鼠标，封面窗口自动运行 30s 后进入"水位控制"窗口，否则立即进入"水位控制"窗口。运行效果如图 2-12 所示。

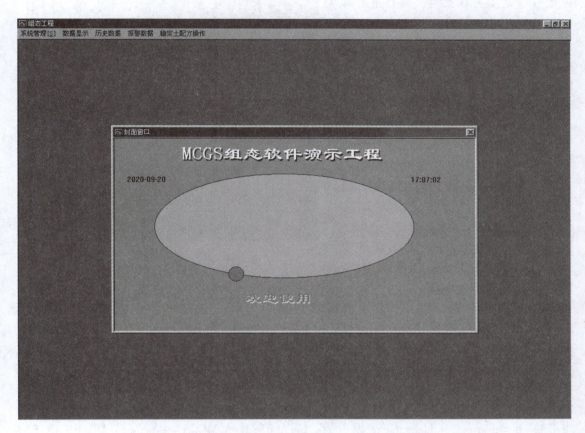

图 2-12　运行效果图

（二）实际工程提交给用户

1. 保护措施

组态完好、测试正确的工程文件（即组态结果数据库）与 MCGS 系统的运行环境一起构成用户的应用系统。组态环境和运行环境是各自独立的两个部分，一旦组态工作完成，用户的应用系统就与组态环境无关。为了防止最终用户对工程文件随意修改，保证应用系统正常、可靠地运行，在新工程交付使用之前，建议采取下列保护性的措施：

1）删除组态环境对应的可执行程序 McgsSet.exe。

2）删除子目录 Work 中的样例工程文件 Sample.mcg。

3）删除 MCGS 系统安装时创建的程序群组。

4）在 Windows 平台上创建运行环境（可执行程序 McgsRun.exe）对应的快捷方式，工作目录设在子目录 Work 中。这样，最终用户进入 Windows 后，双击对应图标即可启动应用系统。

注意： 组态生成的工程文件必须放在子目录 Work 中，或与运行环境同在一个目录。如工程文件设在其他目录内，需要在命令行中指定。例如，工程文件 ppl. mcg 设在 D 盘的 Dat 目录内，则应进行如下操作：在对应图标上右击鼠标，打开图 2-13 所示的属性页窗口；把"目标"一行的内容"D：\ Mcgs \ program \ McgsRun. exe"改为"D：\ Dat \ ppl. mcg"。

2. Windows 环境内容屏蔽

如果希望现场操作人员在计算机开机后直接接触应用系统的操作内容，则应把 Windows 环境内容屏蔽掉。可按如下方法进行：

1）启动 Windows 自动进入 MCGS 运行环境，假设用户的 MCGS 系统安装在 D：\ MCGS 目录，工程为 D：\ MCGS \ Work \ Test. MCG。

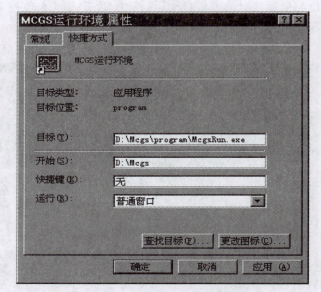

图 2-13　工程文件位置命令指定

2）对 Windows95、98：打开系统目录下的 SYSTEM. INI 文件，将其中的"SHELL = EXPLORER. EXE"改成"SHELL = D：\ MCGS \ Program \ MCGSRUN. EXE D：\ MCGS \ Work \ Test. MCG"，这样，Windows 自动进入 MCGS 运行环境。

3）对 Windows NT：设 NT 的 Administrator 密码为 123（不能为空）。打开"开始"菜单，单击"运行（R）"，输入 REGEDIT 回车进入注册表编辑器，找到键值"我的电脑 \ HKEY_LOCAL_MACHINE \ SOFTWARE \ Microsoft \ Windows NT \ CurrentVersion \ Winlogon"，将 Userinit = userinit, nddeagnt. exe 设置为：Userinit = D：\ MCGS \ Program \ MCGSRUN. EXE D：\ MCGS \ Work \ Test. MCG, nddeagnt. exe。

4）在注册表编辑器的右边项目中右击鼠标，新建两个字串值，并设置为 AuotAdminLogon = 1, DefaultPassword = 123。

这样 Windows NT 自动进入 MCGS 运行环境。

实际应用时，应根据实际的路径和名称来设置。这样，以后每次开机进入 Windows 系统时，计算机自动进入用户应用系统，而有关 Windows 的一切内容，最终用户都接触不到，这样工程就可以顺利提交了。

六、练习

1. 理论题

1）组建新工程一般有哪些步骤？
2）根据系统的控制要求列出输入/输出变量表。

2. 实践题

1）参考图 2-1 完成加热反应炉监控系统界面设计。
2）根据表 2-2 完成 MCGS 数据对象定义。

任务 2　上位机设计

一、教学目标
终极目标：能完成组态控制上位机设计。
促成目标：
1) 掌握界面及脚本程序设计。
2) 掌握组态策略设计。

二、工作任务
完成加热反应炉的上位机设计。

三、能力训练

（一）MCGS 界面制作
一个用户窗口：加热反应炉监控系统。主要包括：加热炉、加热电阻丝、四个阀、两个液面检测传感器、压力检测传感器、温度检测传感器、温度计、压力表、加热指示灯、流动管件、六个控制按钮。三个策略：启动策略、退出策略、循环策略。

1. 画面建立
1) 建立"加热反应炉监控系统"工程文件。
2) 建立"加热反应炉监控"用户窗口。
3) 设置"加热反应炉监控"用户窗口为启动窗口，运行时自动加载。

2. 编辑画面
选中"加热反应炉监控"窗口图标，单击"动画组态"，进入动画组态窗口，开始编辑画面。

（1）文字框图制作

1) 单击工具条中的工具箱按钮，打开绘图工具箱。

2) 选择工具箱内的"标签"按钮，鼠标的光标呈"十"字形，在窗口顶端中心位置拖拽鼠标，根据需要拉出一个一定大小的矩形。

3) 在光标闪烁位置输入文字"加热反应炉监控系统"，按回车键或在窗口任意位置单击鼠标，文字输入完毕。

4) 如果需要修改输入文字，则单击已输入的文字，然后敲回车键即可进行编辑，也可以右击鼠标，弹出下拉菜单，选择"改字符"。

5) 文字框设置如下：

① 单击"填充色"按钮，设定文字框的"背景颜色"为"没有填充"。

② 单击"线色"按钮，设置文字框的"边线颜色"为"没有边线"。

③ 单击"字符字体"按钮，"文字字体"设为"宋体"；"字型"设为"粗体"；"大小"设为"26"。

④ 单击"字符颜色"按钮，将"文字颜色"设为"蓝色"。

(2) 图形绘制

1) 电阻丝图形制作：单击绘图工具箱中"画线"工具按钮，挪动鼠标光标，此时呈"十"字形，在窗口适当位置按住鼠标左键并拖拽出一条一定长度的直线。单击"线色"按钮，选择"黑色"。单击"线型"按钮，选择合适的线型。调整线的位置及长短（光标移到一个手柄处，待光标呈"十"字形，沿线长度方向拖动）。调整线的角度（按 Shift 和空格键，或将光标移到一个手柄处，待光标呈"十"字形后向需要的方向拖动）。线的删除与文字删除相同。单击"保存"按钮。

2) 液面传感器图形制作：单击绘图工具箱中的"矩形"工具按钮，挪动鼠标光标，此时呈"十"字形。在窗口适当位置按住鼠标左键并拖曳出一个一定大小的矩形。单击窗口上方工具栏中的"填充色"按钮，选择"蓝色"。单击"线色"按钮，选择"没有边线"。调整位置及大小，单击窗口其他任何一个空白地方，结束第 1 个矩形的编辑。画面上两个矩形分别代表上、下液面传感器，单击"保存"按钮。

(3) 构件选取

1) 加热炉绘制：单击绘图工具箱中的"插入元件"图标，弹出对象元件库管理对话框，如图 2-14 所示。双击"对象元件列表"中的"反应器"，展开该列表项，单击"反应器 23"，单击"确定"按钮。画面窗口中出现反应器的图形。调整位置和大小并保存。

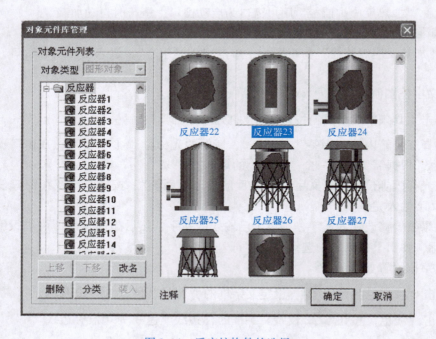

图 2-14 反应炉构件的选择

2) 其他构件绘制：利用"插入元件"工具，分别画出四个阀门、温度传感器、压力传感器、温度计、压力计、指示灯等，将大小和位置调整好。

3)流动块绘制:选中工具箱内的流动块动画构件图标,鼠标的光标呈"十"字形,移动鼠标至窗口的预定位置,单击鼠标并移动鼠标,在鼠标光标后形成一道虚线,拖动一定距离后单击鼠标,生成一段流动块。再拖动鼠标(可沿原来方向,也可垂直于原来方向),生成下一段流动块。

4)按钮绘制:单击画图工具箱中的"标准按钮"工具,画出一定大小的按钮,调整其大小和位置。绘制六个按钮。

3. 整体画面

最后生成的画面如图2-15所示。

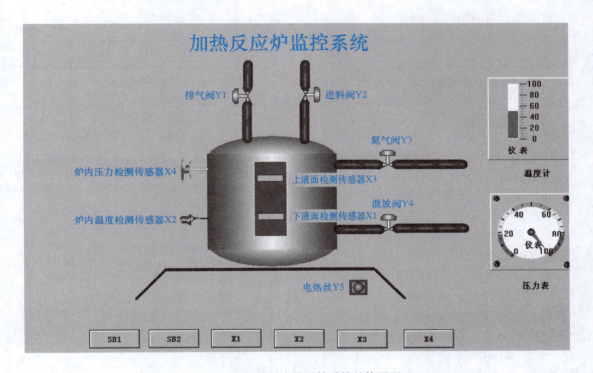

图2-15 加热反应炉监控系统整体画面

(二)定义数据对象

该任务已在上一任务完成,再次进行检查确认。因水位、压力和温度无外部输入,在程序内增加指令模拟运行。

(三)动画连接

1. 按钮的动画设置

1)SB1、SB2按钮的动画连接:双击"SB1"按钮,弹出"标准按钮构件属性设置"窗口,单击"脚本程序",显示该页,输入"SB1=1,SB2=0",如图2-16所示。选中并双击"SB2"按钮。用同样的方法建立复位按钮与对应变量之间的动画连接。输入"SB2=1,SB1=0",单击"保存"按钮。

2)X1、X2、X3、X4按钮的设置。"X1"按钮的连接方式略有不同,在"标准按钮构

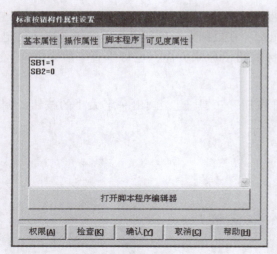
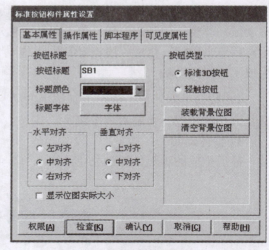

a) 脚本程序设置　　　　　　　　　　　　b) 基本属性设置

图 2-16　SB1、SB2 属性脚本程序设置

件属性设置"窗口中，打开"操作属性"。具体操作如图 2-17 所示。X2、X3、X4 参量设置和 X1 类同。

2. 构件的动画设置

1）排气阀、进料阀、氮气阀、泄放阀关断或者打开状态表示。双击排气阀构件，弹出"单元设置属性"。打开"动画连接"，点选动画连接页面上的"组合图符"。点击组合图符后面的">"，弹出"动画组态属性设置"页面。打开"属性设置"，选中颜色动画连接项中的"填充颜色"。此时在动画组态属性页面中出现"填充颜色"。Y1 的具体操作过程如图 2-18 所示。由图 2-18d 所示动画组态单元中可以看出，实现动画连接主要有颜色动画连接、位置动画连接、输入输出连接三大类，每类中又有三个小项。因此，表达排气阀开关的动画可以同时

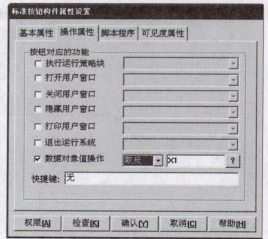

图 2-17　X1、X2、X3、X4 操作属性设置

采用其他的动画方式。按照排气阀的模式，同样设置好进料阀、氮气阀及泄放阀的颜色动画设置。

2）温度传感器、压力传感器、上、下液面传感器是否达到设定值的动画变化以及电阻丝的加热状态的动画表示。该类构件的动画方法都采用颜色变化方式，和排气阀动画设置类似。

3）电热丝指示灯的动画设置。双击指示灯构件，弹出"单元属性设置"菜单。打开"动画连接"，点选动画连接页面上的"三维圆球"。点击组合图符后面的">"，弹出"动画组态属性设置"页面。打开"属性设置"，选中"特殊动画连接"项中的"可见度"。此时在"动画组态属性设置"页面中出现"可见度"。打开"可见度"，"表达式"

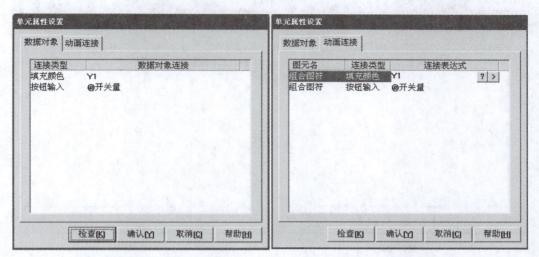

a) 数据对象　　　　　　　　　　　b) 动画连接

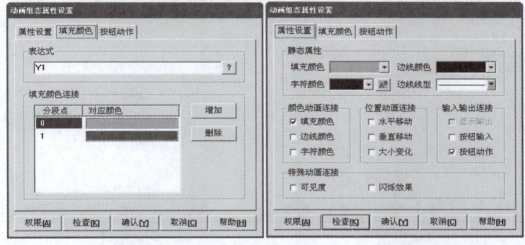

c) 动画填充颜色　　　　　　　　　d) 动画属性设置

图 2-18　排气阀设置

项填"Y5 = 0"。对"单元属性设置"中的另外一个三维圆球进行同样的动画设置，如图 2-19 所示。

4）反应炉水位变化及管道流动变化动画设置。反应炉液面设置：双击反应炉构件，弹出"单元属性设置"页面。打开"动画连接"，选中"矩形"，再单击">"符号，弹出"动画组态属性设置"。如图 2-20a、b 所示。点选位于"动画连接"项中的"大小变化"，在"动画组态属性设置"页中生成"大小变化"，打开"大小变化"进行设置，在"表达式"项里，选择数据库中的"水"参量，在"大小变化连接"项里将"最小变化百分比"设为"0"，"表达式的值"设为"0"，"最大变化百分比"设为"100"，"表达式的值"设为"80"。"变化方向"选择"向上方向"，"变化方式"选择"剪切"。具体设置如图 2-20c、d 所示。

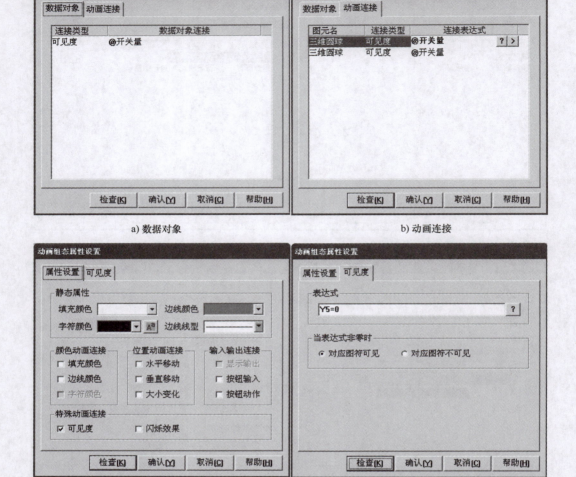

图 2-19 指示灯属性设置

管道流动属性动画的设置：双击排气阀两端的管道，弹出"流动块构件属性设置"页面。打开"流动属性"。"表达式"项填"Y1 = 0"。"当表达式非零时"项，选"流动块开始流动"，如图 2-21 所示。

5）温度计和压力表动画属性设置。双击温度计构件，弹出"单元属性设置"页面。打开"动画连接"，选中"百分比填充"，如图 2-22a 所示。单击" > "弹出"百分比填充构件属性设置"页面中的"操作属性"页面，如图 2-22b 所示。"表达式"选中数据库里的"温度"参量，在"填充位置和表达式值的连接"项中，"0% 对应的值"设为"0"，"100% 对应的值"设为"100"。

压力计动画设置：双击压力计构件，弹出"单元属性设置"页面，如图 2-23a 所示。选中"旋转仪表"，单击后面的" > "符号，弹出"旋转仪表构件属性设置"页面，如

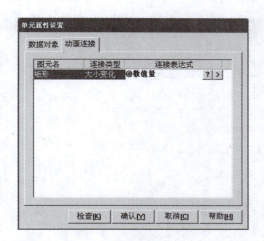

a) 动画连接　　　　　　　　　　b) 数据对象

c) 动画属性颜色　　　　　　　　d) 大小变化设置

图 2-20　反应炉动画组态属性设置

图 2-23b 所示，单击"操作属性"标签，弹出操作属性界面，在"表达式"项中填入"压力"参量，"指针位置和表达式值的连接"项不变。

（四）控制程序的编写

（1）定时器的使用　单击屏幕左上角的工作台图标 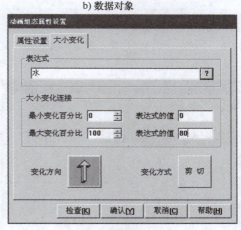，弹出"工作台"窗口。单击"运行策略"选项卡，进入"运行策略"页，如图 2-24 所示。选中"循环策略"，单击右侧"策略属性"按钮，弹出"策略属性设置"窗口，如图 2-25 所示。在"定时循序执行，循环时间［ms］"一栏，填入"200"，单击"确认"按钮。选中"循环策略"，单击右侧"策略组态"按钮，弹出

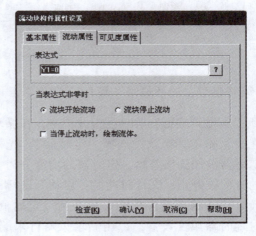

图 2-21　管道流动块构件属性设置

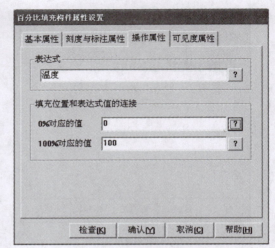

a) 动画连接　　　　　　　　　　b) 操作属性

图 2-22　温度计动画设置

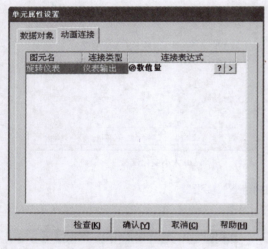
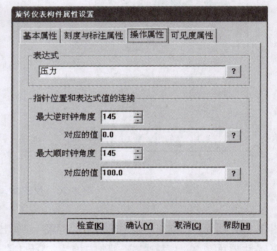

a) 动画连接　　　　　　　　　　b) 操作属性

图 2-23　压力计动画设置

"策略组态：循环策略"窗口。单击"工具箱"按钮，弹出"策略工具箱"。在工具栏找到"新增策略行"按钮 并单击，在循环策略窗口出现了一个新策略，如图 2-26 所示。在"策略工具箱"中选择"定时器"，光标变为小手形状。单击新增策略行末端的方块，定时器被加到该策略。定时器的功能分为：①启停功能：在需要的时候被启动，在不需要的时候被停止；②计时功能：启动后进行计时；③计时时间设定功能：根据需要设定时间计时；④状态报告功能：是否到设定时间；⑤复位功能：在需要的时候重新开始计时。对定时器属性设置。双击新增策略行末端的定时器方块，出现"定时器"属性设置，如图 2-27 所示。

模块二 加热反应炉系统设计

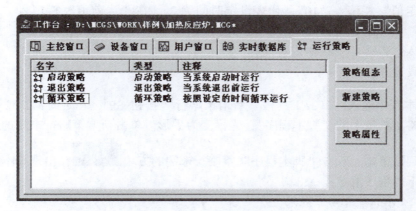

图 2-24 "运行策略"页

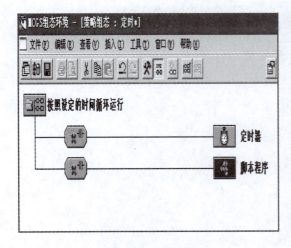

图 2-25 "策略属性设置"窗口

图 2-26 循环策略的组态

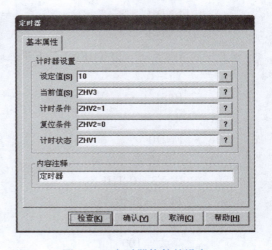

图 2-27 定时器构件的设定

75

在"设定值"栏填入"10",代表设定时间为2s。在"当前值"栏填入"ZHV3";在"计时条件"一栏填入"ZHV2=1";在"复位条件"一栏填入"ZHV2=0";在"计时状态"一栏填入"ZHV1";在"内容注释"一栏填入"定时器"。单击"确认"按钮,退出定时器属性设置并保存。

(2) 脚本程序输入　单击工具栏"新增策略行"按钮 ![], 在定时器下增加一行新策略。选中策略工具箱中的"脚本程序", 光标变为手形。单击新增策略行末端的小方块, 脚本程序被加到该策略。双击"脚本程序"策略行末端的方块 ![], 出现脚本程序编辑窗口。输入如下的程序清单:

```
'水位变化动画效果
IF Y2 = 0 THEN    '进料阀开
水 = 水 + 0.5
IF 水 > 80 THEN
水 = 80
ENDIF
ENDIF
IF 水 > = 70 then    '上限液位器报警
X3 = 1
ELSE
X3 = 0
ENDIF
IF Y4 = 0 THEN    '泄放阀开
水 = 水 - 0.5
IF 水 < 0 THEN
水 = 0
ENDIF
ENDIF
IF 水 < = 20 THEN    '下限液位器报警
X1 = 0
ELSE
X1 = 1
ENDIF
'压力变化控制
IF Y3 = 0 THEN
压力 = 压力 + 0.5
IF 压力 > 100 THEN
压力 = 100
ENDIF
```

```
ENDIF
IF Y1 = 0 THEN
压力 = 压力 - 0.5
IF 压力 < 0 THEN
压力 = 0
ENDIF
ENDIF
IF 压力 >= 80 THEN
X4 = 1
ELSE
X4 = 0
ENDIF
'温度控制
IF Y5 = 0 THEN
温度 = 温度 + 0.5
IF 温度 > 100 THEN
温度 = 100
ENDIF
IF 温度 < 0 THEN
温度 = 0
ENDIF
ENDIF
IF 温度 >= 80 THEN
X2 = 1
ENDIF
'动作控制
IF SB2 = 1 THEN    '按下停止按钮,所以阀断开
Y1 = 1
Y2 = 1
Y3 = 1
Y4 = 1
Y5 = 1
ENDIF
IF SB1 = 1 THEN    '按下启动按钮
IF JIEDUAN = 0 THEN    '如果是第1阶段,则
IF X1 = 0 AND X2 = 0 AND X4 = 0 THEN
Y1 = 0    '排气,压力开始下降
Y2 = 0    '进料,液位开始上升
```

```
ENDIF
IF X3 = 1 THEN    '液位升到上限
Y1 = 1    '停止排气
Y2 = 1    '停止进料
ZHV2 = 1    '启动定时器
ENDIF
IF ZHV1 = 1 THEN    '时间到
Y3 = 0    '进氮气,压力开始上升
ENDIF
IF X4 = 1 THEN    '压力升到给定值
Y3 = 1    '停止进氮气
JIEDUAN = 1    '进入第 2 阶段
ZHV2 = 0    '清零并停止定时器
ENDIF
ENDIF
IF JIEDUAN = 1 THEN    '处于第 2 阶段时
IF X2 = 0 THEN
Y5 = 0    '加热,温度开始上升
ENDIF
IF X2 = 1 THEN    '温度升到设定值
Y5 = 1    '停止加热
ZHV2 = 1    '启动定时器
JIEDUAN = 2    '进入第 3 个阶段
ENDIF
ENDIF
温度 = 温度 - 0.1
IF JIEDUAN = 2 THEN    '处于第 3 个阶段
IF ZHV1 = 1 THEN
ZHV2 = 0    '清零并停止定时器
Y1 = 0    '排气,压力开始下降
Y4 = 0
IF 温度 < = 80 THEN X2 = 0    '放料,液位开始下降
ENDIF
IF X4 = 0 THEN Y1 = 1    '压力降到设定值以下,停止排气
IF X1 = 0 THEN Y4 = 1    '液位降到下限以下,停止放料
IF Y1 = 1 AND Y4 = 1 THEN JIEDUAN = 0    '重新进入第 1 阶段
ENDIF
ENDIF
```

四、理论知识

MCGS 中的数据后处理，其本质上是对历史数据库的处理，MCGS 的存盘历史数据库是原始数据的基本集合，MCGS 数据后处理就是对这些原始数据的数据操作（修改、删除、添加、查询等数据库操作）。数据后处理的目的是要从这些原始数据中提炼出对用户真正有用的数据和信息并以数据报表的形式展示出来。对采集的工程物理量存盘后，需要对数据库进行操作和对存盘的数据进行各种统计，以根据需要做出各种形式的报表。

1）存盘数据浏览构件、存盘数据提取构件和历史表格构件可以完成各种形式的数据报表，MCGS 组态软件数据处理流程如图 2-28 所示，数据从采集设备输入，通过设备驱动进入实时数据库，MCGS 组态软件提供对实时数据库的实时变量进行数据和曲线等多种显示方式，同时可通过数据存盘控制器随时对变量的存盘周期和方式进行修改，可对在硬盘上存好的数据进行多种处理。

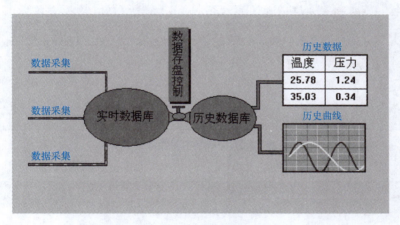

图 2-28　MCGS 组态软件数据处理流程

2）MCGS 存盘数据浏览构件可以对存好的数据直接进行显示、打印、查询、修改、删除、添加记录和统计等操作。

3）MCGS 存盘数据提取构件可以对存好的数据按照一定的时间间隔或不同的统计方式进行提取处理，可以把数据提取到 MCGS 实时数据库中的变量中，也可以根据一定的查询条件把相关的数据提取到其他的各种形式的数据库。

4）MCGS 存盘数据提取构件配合 MCGS 历史表格构件可以完成工控项目中最常使用的各种形式的报表（如标准形式的日报表、月报表、年报表，不定记录项的报表，规定要求查询报表等）。

五、拓展知识

数据提取可完成复杂报表的设计：

1）最终效果如图 2-29 所示。

2）数据提取结果浏览。按"F5"进入运行环境，单击"数据提取演示"菜单，打开"数据提取演示"界面，单击"存数控制"按钮，如图 2-30 所示。

3）打开分钟数据，如图 2-31 所示。

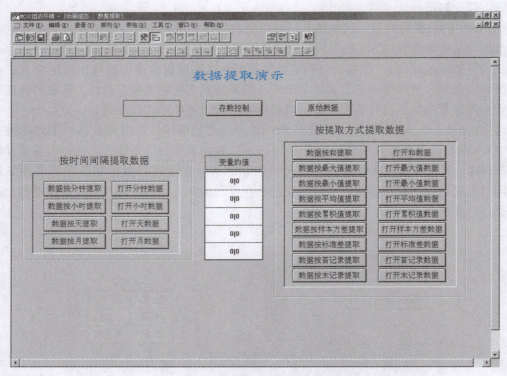

图 2-29　数据提取基本属性最终效果图

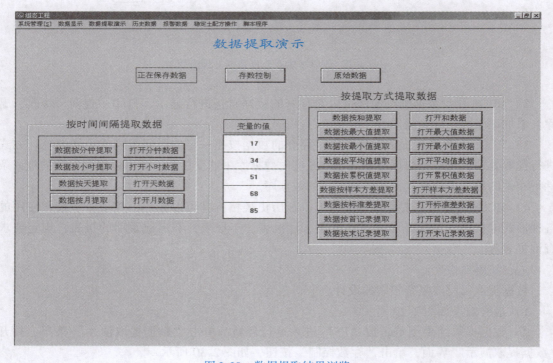

图 2-30　数据提取结果浏览

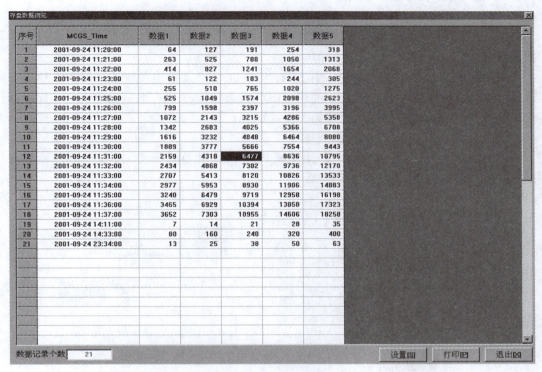

图 2-31　分钟数据图

六、练习

1. 理论题

1）什么是数据后处理？有什么作用？

2）数据后处理有哪几种方式？说明 MCGS 组态软件数据处理流程。

2. 实践题

1）参考图 2-15 完成界面设计，输入脚本程序，实现模拟运行。

2）参考图 2-30 完成界面设计。

任务 3　　上、下位机连接

一、教学目标

终极目标：掌握 MCGS 与 PLC 的连接。

促成目标：

1）掌握 MCGS 设备窗口的设置。

2）掌握设备工具箱的使用。

3）掌握通道连接。

二、工作任务

1）完成 MCGS 与 PLC 的连接。

2)掌握 MCGS 设备窗口的设置。

三、能力训练

MCGS 设备构件可用于操作和读写西门子 S7-21X、S7-22X 系列 PLC 设备的各种寄存器的数据或状态。

使用西门子 PPI 通信协议,采用西门子标准的 PC/PPI 通信电缆或通用的 RS232/485 转换器,可方便、快速地和 PLC 通信。使用 MCGS 组态软件和 PLC 通信之前,必须保证通信连接正确,和西门子 PLC 的通信连接如下:

1. 使用西门子标准 PC/PPI 电缆通信

使用 PC/PPI 电缆进行通信时,必须保证 PC/PPI 上的 DIP 开关、上位机软件和 PLC 中的设置一致,可按图 2-32 进行连接设置。

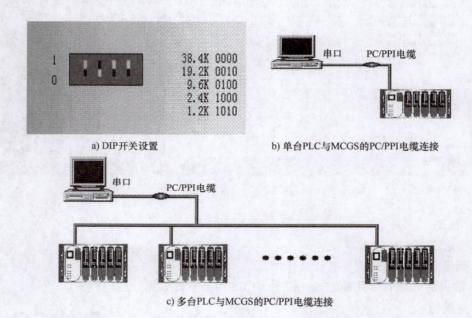

图 2-32 PLC 与 MCGS 的 PC/PPI 电缆连接

使用西门子标准 PC/PPI 通信电缆最多可同时接 32 台 S7-200 PLC(每台 PLC 设置成不同的通信地址),多台 PLC 之间使用西门子公司提供的连接器进行连接。

2. PLC 中的通信参数和 PLC 地址设置

设置 PLC 的地址必须通过 STEP7-Micro/WIN32 编程软件来设置,由于新买的 PLC 的地址全部为 2,所以要设置 PLC 的地址时,一次只能和一台 PLC 连接,地址一般设成 1~31 中的任何一个数,其他无效。设置方法如下:

1)按上述方法连接 PLC 设备。
2)运行 STEP7-Micro/WIN32 编程软件。
3)打开主菜单中的"VIEW",选择"communication",如图 2-33 所示。
4)在弹出的对话框的左下方有当前通信参数的设置状态,一般为"Remote Address = 2;Local Address = 0;Module = PC/PPI cable(COM1);Protocol = PPI;Transmission Rate =

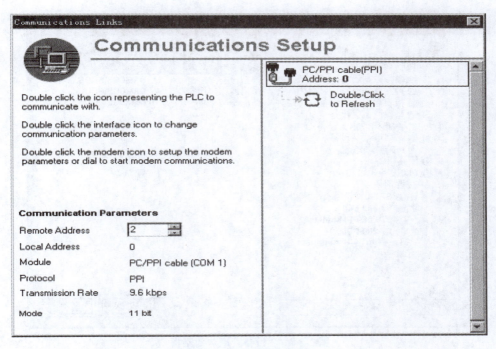

图 2-33　PLC 地址设置

9.6kbps；Mode = 11 bit"。若有不对的地方，双击对话框右上方的"PC/PPI cable（PPI）"，在弹出的对话框中设置以上参数。PPI 电缆上的 DIP 跳线也设置成上面的状态。

5）双击"Double-Click to Refresh"，则开始检测总线上是否挂有 200 系列的 PLC：若有则可以开始更改此台 PLC 的地址了；若没有则检查，可以查看本设备在线帮助的常见问题解答。

6）打开主菜单中的"PLC"，选择"Type"，在弹出的对话框中选择对应型号的 PLC，然后按"OK"退出。

7）打开主菜单中的"VIEW"，选择"System Block"，在弹出的对话框中，设置 PLC 对应端口的地址，根据需要设置成 1～31 中的任何一个。按"OK"退出。

8）当显示"可以开始将其下载到 PLC 中去了！"，即单击图标"Down Load"。

9）在弹出的对话框中选择"System Block"，按"OK"开始下载。

3. MCGS PPI 通信组态

（1）设备增加　在 MCGS 组态软件开发平台上，单击"设备窗口"，再单击"设备组态"按钮进入设备组态。从"工具条"中单击工具箱，将弹出"设备工具箱"对话框。单击"设备管理"按钮，弹出"设备管理"对话框。从"可选设备"中双击"通用设备"，找到"串口通讯父设备"并双击，选中其下的"串口通讯父设备"，双击或单击"增加"按钮，加到右面的"选定设备"中。再双击"PLC 设备"，找到"西门子"并双击，再双击"S7-200PPI"，选中"西门子 S7-200PPI"，双击或单击"增加"按钮，加到右面的"选定设备"中，如图 2-34 所示。

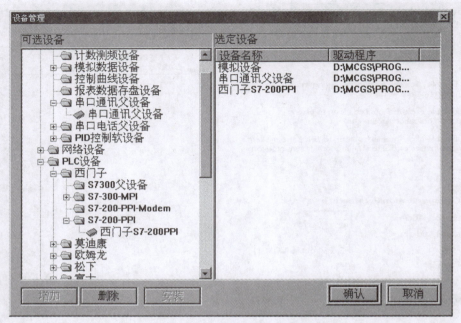

图 2-34 "设备管理"对话框

单击"确认"按钮,回到"设备工具箱",如图 2-35 所示。

双击"设备工具箱"中的"串口通讯父设备",再双击"西门子 S7-200PPI",如图 2-36 所示。

(2)"串口通讯父设备"属性设置 双击"设备 1-[串口通讯父设备]",弹出"设备属性设置"对话框,按图 2-37 所示进行设置:"通讯波特率"设为 9600,数据位位数设为 8 位,停止位位数设为 1 位,数据校验方式设为偶校验。设置完毕,单击"确认"按钮保存。

(3) S7-200PPI 属性设置 计算机串行口是计算机和其他设备通信时最常用的一种通信接口,一个串行口可以挂接多个通信设备(如一个 RS485 总线上可挂接 255 个 ADAM 通信模块,但它们共用一个串口父设备),为适应计算机串行口的多种操作方式,MCGS 组态软件采用在"串口通讯父设备"下挂接多个"通讯子设备"的一种通信设备处理机制,各个子设备继承父设备的一些公有属性,同时又具有自己的私有属性。在实际操作时,MCGS 提供一个"串口通讯父设备"构件和多个"通讯子设备"构件,"串口通讯父设备"构件完成对串口的基本操作和参数设置,"通讯子设备"构件则为串行口实际挂接设备的驱动程序。

图 2-35 设备工具箱

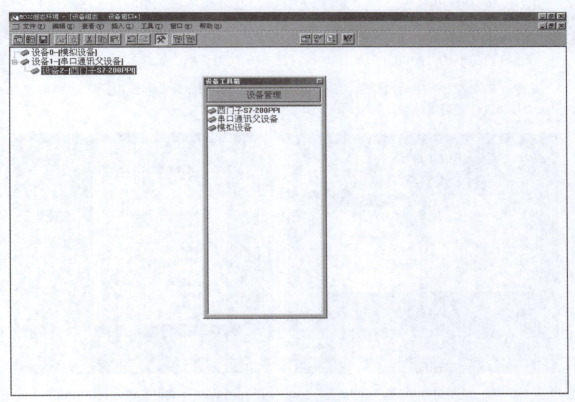

图 2-36　西门子 S7-200PPI 设置

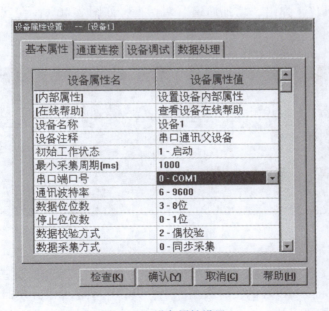

图 2-37　设备属性设置

S7-200PPI 构件用于 MCGS 操作和读写西门子 S7-21X、S7-22X 系列 PLC 设备的各种寄存器的数据或状态。本构件使用西门子 PPI 通信协议，采用西门子标准的 PC/PPI 通信电缆或通用的 RS232/485 转换器，能够方便、快速地与 PLC 通信。

双击［西门子 S7-200PPI］，弹出"设备属性设置"对话框，如图 2-38 所示。

选中"基本属性"中的"设置设备内部属性"，出现 图标，单击 图标，弹出"西门子 S7-200PLC 通道属性设置"对话框，如图 2-39 所示。

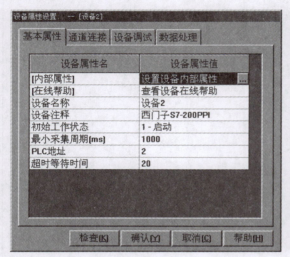 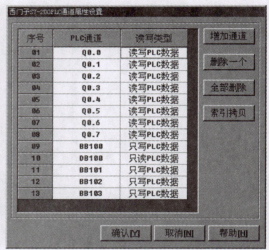

图 2-38　S7-200PPI"设备属性设置"　　　　图 2-39　"西门子 S7-200PLC 通道属性设置"对话框

单击"增加通道"，弹出"增加通道"对话框，如图 2-40 所示，设置好后按"确认"按钮。

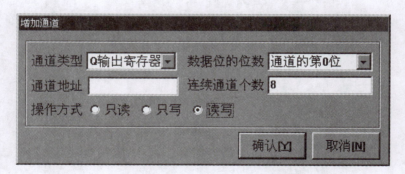

图 2-40　"增加通道"对话框

西门子 S7-200 PLC 设备构件将 PLC 的通道分为只读、只写和读写三种情况：只读用于将 PLC 中的数据读入到 MCGS 的实时数据库中；只写用于将 MCGS 实时数据库中的数据写入到 PLC 中；读写则可以从 PLC 中读数据，也可以往 PLC 中写数据。当第一次启动设备工作时，将 PLC 中的数据读回来，以后若 MCGS 不改变寄存器的值则将 PLC 中的值读回来。

若 MCGS 要改变当前值则将值写到 PLC 中，这种操作的目的是防止用户 PLC 程序中有些通道的数据在计算机第一次启动或计算机中途死机时不能复位，另外可以节省变量的个数。

"通道连接"如图 2-41 所示设置。

在"设备调试"中就可以在线调试"西门子 S7-200PPI"，如图 2-42 所示。

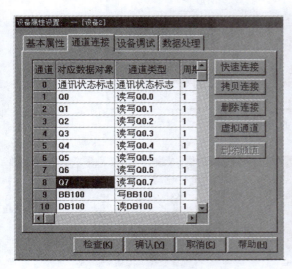 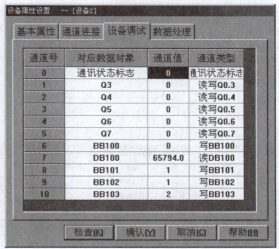

图 2-41　通道连接　　　　　　　　　图 2-42　"设备调试"在线调试

（4）通信失败性设置排除　如果"通讯状态标志"为 0，则表示通信正常，否则 MCGS 组态软件与西门子 S7-200 PLC 设备通信失败。如通信失败，则按以下方法排除：

1）检查 PLC 是否上电。

2）检查 PPI 电缆是否正常。

3）确认 PLC 的实际地址和设备构件基本属性页的地址一致，使用 PLC 编程软件的搜索工具能显示 PLC 的实际地址。

4）检查对某一寄存器的操作是否超出范围。

(5) 加热反应炉监控系统 S7-200PPI 属性设置

1) 通道属性设置如图 2-43 所示。

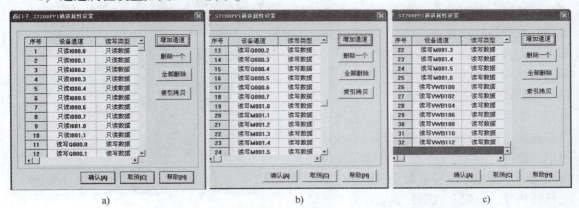

a)　　　　　　　　　　　　b)　　　　　　　　　　　　c)

图 2-43　通道属性设置

其中 VWB 的增加通道设置如图 2-44 所示。

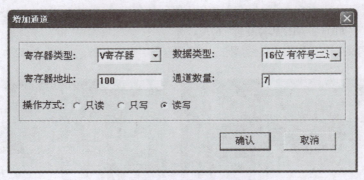

图 2-44　VWB 的增加通道设置

2）通道连接设置如图 2-45 所示。

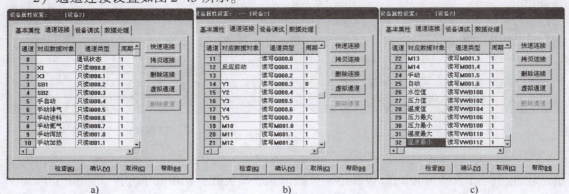

图 2-45　通道连接设置

四、理论知识

1. 数据前处理

在实际应用中，经常需要对从设备中采集到的数据或输出到设备的数据进行处理，以得到实际需要的工程物理量，如从 AD 通道采集进来的数据一般都为电压值，单位为 mV，需要进行量程转换或查表、计算等处理才能得到所需的工程物理量。MCGS 系统对设备采集通道的数据可以进行八种形式的数据处理，包括：多项式计算、倒数计算、开方计算、滤波处理、工程转换计算、函数调用、标准查表计算和自定义查表计算，各种处理可单独进行也可组合进行。MCGS 的数据前处理与设备是紧密相关的，在 MCGS 设备属性设置窗口下，打开设备构件，设置其数据处理属性页即可进行 MCGS 的数据前处理组态。如图 2-46 所示。

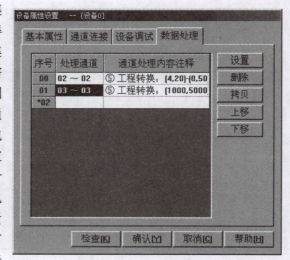

图 2-46　数据处理

按"设置"按钮则打开"通道处理设置",进行数据前处理组态,如图 2-47 所示。

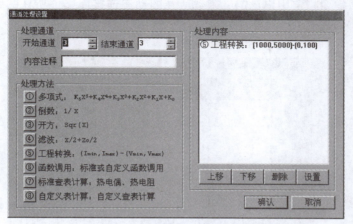

图 2-47　数据前处理组态

在 MCGS"通道处理设置"窗口中,进行数据前处理的组态设置。如:对设备通道 3 的输入信号 1000~5000mV(采集信号)工程转换成 0~100RH(传感器量程)的湿度,则选择第 5 项"工程转换",设置如图 2-48 所示。MCGS 在运行环境中则根据输入信号的大小采用线性插值方法转换成工程物理量(0~100RH)范围。

2. MCGS 数据前处理八种方式说明

1)多项式处理:多项式是对设备的通道信号进行多项式(系数)处理,可设置的处理参数有 K0 到 K5,可以将其设置为常数,也可以设置成指定通道的值(通道号前面加"!"),如图 2-49 所示。还应选择参数和计算输入值 X 的乘除关系。

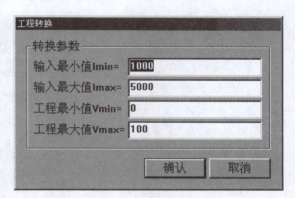

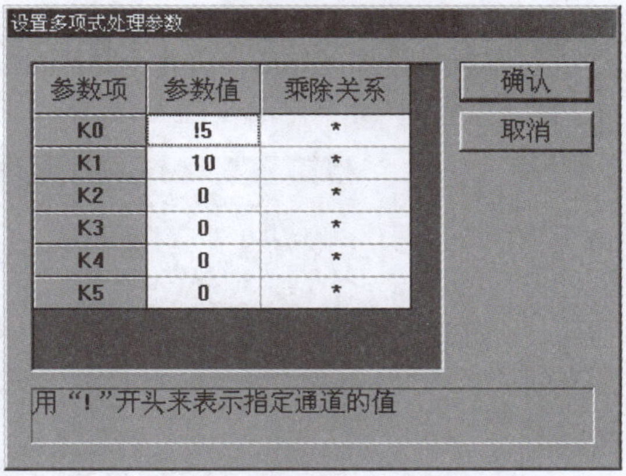

图 2-48　工程转换

2)倒数:对设备输入信号求倒数运算。

3)开方:对设备输入信号求开方运算。

4)滤波:也叫中值滤波,对设备本次输入信号的 1/2 + 上次输入信号的 1/2。

5)工程转换:把设备输入信号转换成工程物理量。

6)函数调用:函数调用用来对设定的多个通道值进行统计计算,包括:求和、求平均值、求最大值、求最小值和求标准方差,如图 2-50 所示。此外,还允许使用动态连

图 2-49　处理参数设置成指定通道

接库来编制自己的计算算法，可通过挂接到 MCGS 中来达到可自由扩充 MCGS 算法的目的。如图 2-51 所示，需要指定用户自定义函数所在的动态连接库文件所在的路径和文件名，以及自定义函数的函数名。

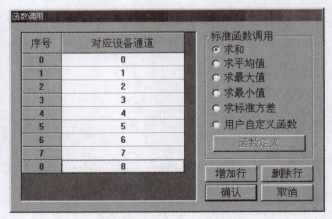

图 2-50　标准函数

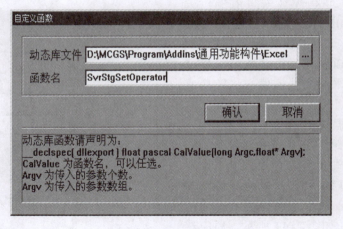

图 2-51　自定义函数

7）标准查表计算：如图 2-52 所示，标准查表计算包括八种常用热电偶和 Pt100 热电阻查表计算。在对 Pt100 热电阻进行查表之前，应先使用其他方式把通过 AD 通道采集进来的

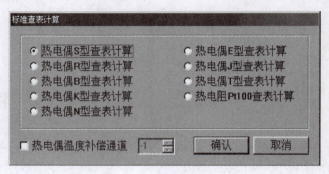

图 2-52　标准查表计算

电压值转换成为 Pt100 的电阻值，然后再用电阻值查表得出对应的温度值；对热电偶查表计算，需要指定使用作为温度补偿的通道（热电偶已做冰点补偿时，不需要温度补偿），在查表计算之前，先要把作为温度补偿的通道的采集值转换成实际温度值，把热电偶通道的采集值转换成实际的毫伏数。

8）自定义查表计算处理：如图 2-53 所示，自定义查表计算处理首先要定义一个表，在每一行输入对应值；然后再指定查表基准。**注意**：MCGS 规定用于查表计算的每列数据，必须以单调上升或单调下降的方式排列，否则无法进行查表计算。图 2-53 中，查表基准是第一列，MCGS 系统处理时首先将设备输入信号对应于基准（第一列）线性插值，第二列给出相应的工程物理量，即基准输入信号，对应工程物理量（传感器的量程）。

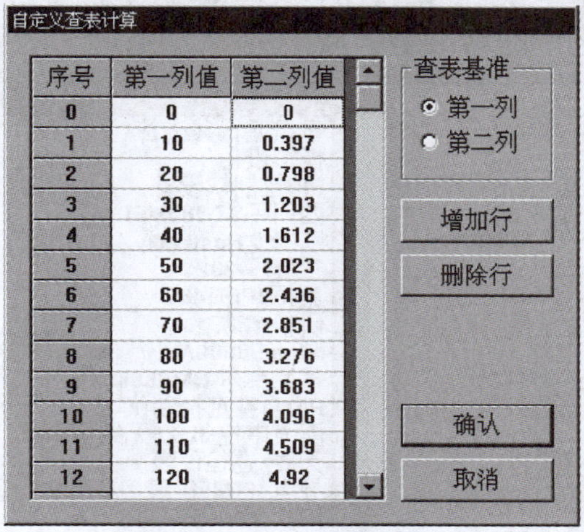

图 2-53 自定义查表计算处理

3. 设备窗口组态

设备窗口是 MCGS 系统的重要组成部分，负责建立系统与外部硬件设备的连接，使得 MCGS 能从外部设备读取数据并控制外部设备的工作状态，实现对工业过程的实时监控。

（1）MCGS 实现设备驱动的基本方法　在设备窗口内配置不同类型的设备构件，并根据外部设备的类型和特征设置相关的属性，将设备的操作方法，如硬件参数配置、数据转换、设备调试等都封装在构件之内，以对象的形式与外部设备建立数据的传输通道连接。系统运行过程中，设备构件由设备窗口统一调度管理，通过通道连接向实时数据库提供从外部设备采集到的数据，从实时数据库查询控制参数并发送给系统其他部分，进行控制运算和流程调度，实现对设备工作状态的实时检测和过程的自动控制。

（2）MCGS 是一个与设备无关的系统　对于不同的硬件设备，只需定制相应的设备构件，放置到设备窗口中，并设置相关的属性，系统就可对这一设备进行操作，而不需要对整个系统结构做任何改动。在 MCGS 单机版中，一个用户工程只允许有一个设备窗口设置在主控窗口内。运行时，由主控窗口负责打开设备窗口。设备窗口是不可见的窗口，在后台独立运行，负责管理和调度设备驱动构件的运行。由于 MCGS 对设备的处理采用了开放式的结构，在实际应用中可以很方便地定制并增加所需的设备构件，不断充实设备工具箱。MCGS 将逐步提供与国内外常用的工控产品相对应的设备构件，同时 MCGS 也提供了一个接口标准,以方便用户用 Visual Basic 或 Visual C++编程工具自行编制所需的设备构件,装入 MCGS 的设备工具箱内。MCGS 提供了一个高级开发向导,能为用户自动生成设备驱动程序的框架。

(3) 设备驱动程序　为方便普通工程用户快速定制开发特定的设备驱动程序,MCGS 系统同时提供了系统典型设备驱动程序的源代码,用户可在这些源代码的基础上移植修改,生成自己的设备驱动程序。对已经编好的设备驱动程序,MCGS 使用设备构件管理工具进行管理,单击在 MCGS "工具"菜单下的"设备构件管理项",将弹出图 2-54 所示的"设备管理"窗口。

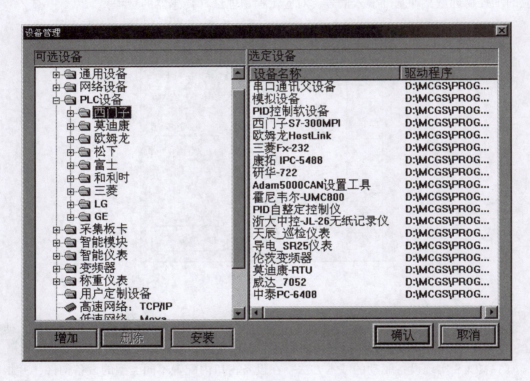

图 2-54　"设备管理"窗口

(4) 设备管理工具的主要功能　方便用户在上百种的设备驱动程序中快速找到适合自己的设备驱动程序,并完成所选设备在 Windows 中的登记和删除登记工作等。MCGS 设备驱动程序的登记和删除登记,在初次使用 MCGS 设备或用户自己新编设备之前,必须按(5)中的方法完成设备驱动程序的登记,否则,可能会出现不可预测的错误。

(5) 设备驱动程序的登记方法　如图 2-54 所示,在窗口左边列出 MCGS 现在支持的所有设备,在窗口右边列出所有已经登记设备,用户只需在窗口左边的列表框中选中需要使用的设备,按"增加"按钮即完成了 MCGS 设备的登记工作;在窗口右边的列表框中选中需要删除的设备,按"删除"按钮即完成了 MCGS 设备的删除登记工作。

(6) MCGS 设备驱动分类方法　MCGS 设备驱动程序的选择,如图 2-54 所示,在窗口左边的列表框中列出了 MCGS 所有的设备(在 MCGS 的 \\ Program \ Derives 目录下所有设备），可选设备是按一定分类方法分类排列的，用户可以根据分类方法去查找自己需要的设备，例如，用户要查找康拓 IPC-5488 采集板卡的驱动程序，需要先找采集板卡目录，再在采集板卡目录下找康拓板卡目录，在康拓板卡目录下就可以找到康拓 IPC-5488。按安装按钮可以安装其他目录（非 MCGS 的 \\ Program \ Derives 目录）下的设备。MCGS 设备目录的分类是为了用户能够在众多的设备驱动中方便快速地找到需要的设备驱动，MCGS 所有的设备驱动都是按合理的分类方法排列的，分类方法如图 2-55 所示。

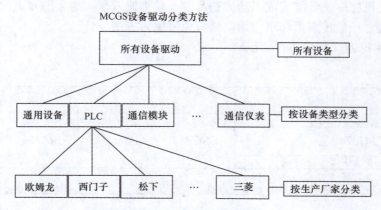

图 2-55　MCGS 设备驱动分类方法

五、拓展知识

MCGS 支持的硬件设备包括：

1）智能模块。

2）采集板卡。

3）智能仪表。

4）变频器。

5）PLC。

六、练习

1. 理论题

1）什么是数据前处理？有什么作用？

2）数据前处理有哪几种方式？说明 MCGS 设备驱动分类方法。

2. 实践题

1）完成 PLC 中的通信参数和 PLC 地址设置。

2）完成 MCGS PPI 通信组态。

3）参考图 2-43、图 2-45，分别完成通道属性和通道连接设置。

任务 4　下位机设计

一、教学目标

终极目标：能完成下位机 S7-200 设计。

促成目标：
1）能完成下位机 S7-200 程序设计。
2）掌握 S7-200PLC 扩展模块的连接方法。

二、工作任务
完成下位机 S7-200 设计，掌握模拟量处理方法。

三、能力训练
本系统下位机程序设计能完成手动控制及读入模拟输入量。为考虑知识的全面性，此模块内炉温传感器、压力传感器和水位均以模拟信号输入方法设计。

1. PLC 模块排列（如图 2-56 所示）

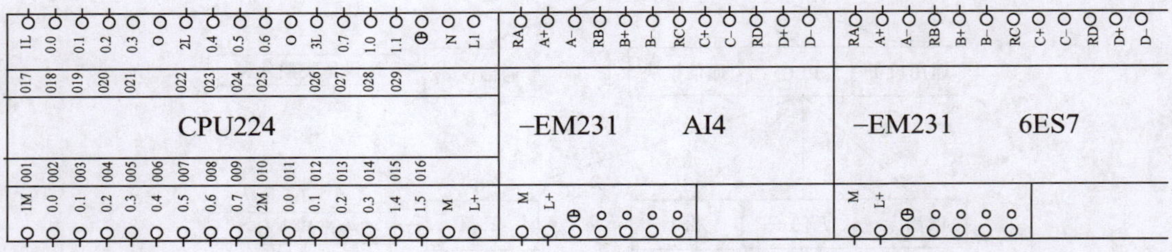

图 2-56　PLC 模块排列

2. PLC 变量（见表 2-4）

表 2-4　PLC 变量一览表

输入变量	作用	输出变量	作用	中间变量	作用
I0.0	下液位	Q0.1	起动反应炉	VW100	水位即时值
I0.1	上液位	Q0.2	停止反应炉	VW102	压力即时值
I0.2	起动	Q0.3	排气阀	VW104	温度即时值
I0.3	停止	Q0.4	进料阀	VW106	压力最大值
I0.4	手/自动	Q0.5	氮气阀	VW108	压力最小值
I0.5	排气阀	Q0.6	泄放阀	VW110	温度最大值
I0.6	进料阀	Q0.7	加热炉开关	VW112	温度最小值
I0.7	氮气阀			M1.0	连续运行
I1.0	泄放阀			M1.1	温度>最大
I1.1	加热炉开关			M1.2	温度<最小
AIW0	炉内温度			M1.3	压力>最大
AIW8	炉内压力			M1.4	压力<最小
AIW10	水位			M1.5	手动状态
				M1.6	自动状态

3. 系统控制流程图设计

1) 系统手动控制流程图如图 2-57 所示。

2) 系统自动控制流程图如图 2-58 所示。

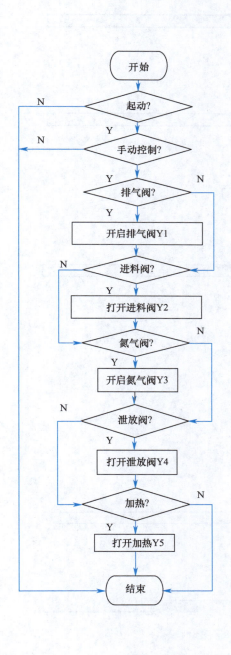

图 2-57　系统手动控制流程

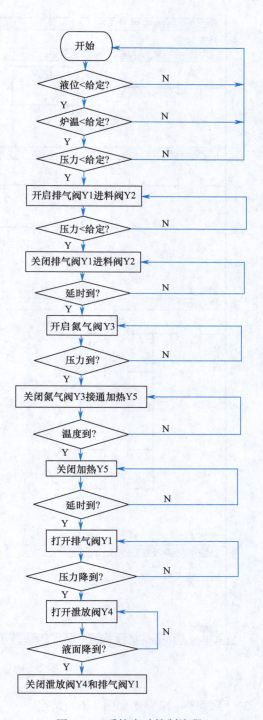

图 2-58　系统自动控制流程

4. PLC 梯形图设计

1）主程序梯形图如图 2-59 所示。

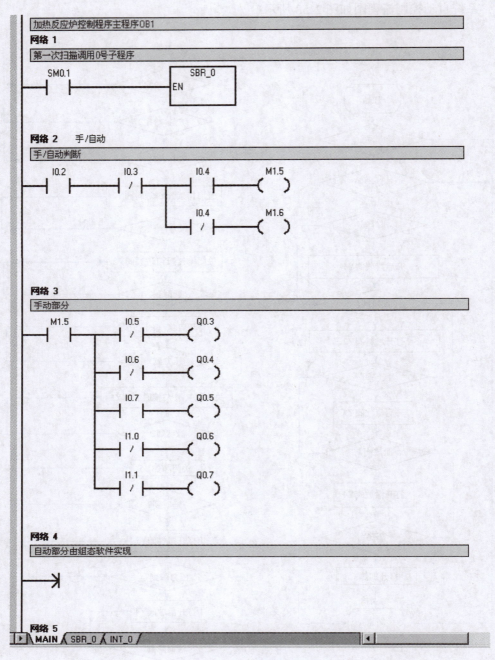

图 2-59　主程序梯形图

2）子程序 0 梯形图如图 2-60 所示。
3）中断 0 梯形图如图 2-61 所示。

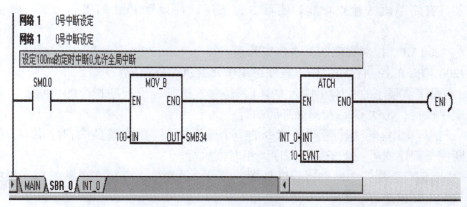

图 2-60　子程序 0 梯形图

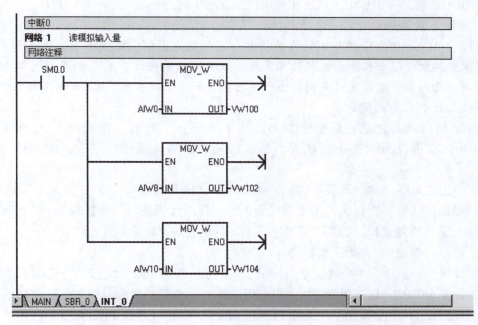

图 2-61　中断 0 梯形图

四、理论知识

1. S7-200 可编程序控制器

S7-200 可编程序控制器是德国西门子公司的产品。它工作可靠，功能强，存储容量大，编程方便，输出端可直接驱动 2A 的继电器或接触器的线圈，抗干扰能力强。S7-200 系列小型 PLC（Micro PLC）可应用于各种自动化系统。紧凑的结构、低廉的成本、功能强大的指令集使得 S7-200 PLC 成为各种小型控制任务理想的解决方案。

2. S7-200 系列 PLC 的编程软件

STEP 7-Micro/WIN 32 是 S7-200 系列 PLC 的编程软件，可以对 S7-200 的所有功能进行编程。该软件在 Window8 平台上运行。基本操作与 Omce 等标准 Windows 软件相类似，简单、易学。其基本功能是协助用户完成应用软件任务。例如创建用户程序，修改和编辑过程中编辑器具有简单语法检查功能。还可以直接用软件设置 PLC 的工作方式、参数和运行监控。

3. S7-200 CPU 控制程序的基本构成元素

S7-200 CPU 的控制程序由以下程序组织单元（POU）组成：

1）主程序：程序的主体（称为 OB1），是放置控制应用程序指令的位置。主程序中的指令按顺序执行，每次 CPU 扫描循环时执行一次。

2）子例行程序：子例行程序是指令的一个选用集，存放在单独的程序块中，仅在主程序、中断例行程序或另一个子例行程序调用时被执行。

3）中断例行程序：中断例行程序是指令的一个选用集，存放在单独的程序块中，仅在中断事件发生时被执行。

STEP 7-Micro/WIN32 通常为每个 POU 在程序编辑器窗口中提供单独的标记组织程序。主程序 OB1 总是第一个标记，其后才是用户建立的子例行程序或中断例行程序。

4. 程序下载至 PLC

STEP 7-Micro/WIN32 的个人计算机和 PLC 之间建立通信，将程序下载至该 PLC，遵循下列步骤。**注意**：将个人计算机中的程序块、数据块或系统块下载至 PLC 时，从个人计算机中下载的块内容会覆盖目前在 PLC 中的块内容（如果 PLC 中有）。在开始下载之前，要核实希望覆盖的 PLC 中的块内容。

1）下载至 PLC 之前，必须核实 PLC 位于"停止"模式。检查 PLC 上的模式指示灯。如果 PLC 未设为"停止"模式，单击工具条中的"停止"按钮，或选择"PLC > 停止"。

2）单击工具条中的"下载"按钮，或选择"文件 > 下载"，出现"下载"对话框。

3）根据默认值，在初次发出下载命令时，"程序代码块""数据块"和"CPU 配置"（系统块）复选框被选择。如果不需要下载某一特定的块，清除该复选框。

4）单击"确定"，开始下载程序。

5）如果下载成功，一个确认框会显示以下信息：下载成功。继续执行步骤 12。

6）如果 STEP 7-Micro/WIN 32 中用于用户的 PLC 类型的数值与用户实际使用的 PLC 不匹配，会显示以下警告信息："为项目所选的 PLC 类型与远程 PLC 类型不匹配。继续下载吗？"

7）欲纠正 PLC 类型选项，选择"否"，终止下载程序。

8）从菜单条选择"PLC > 类型"，调出"PLC 类型"对话框。

9）在下拉列表方框选择纠正类型，或单击"读取 PLC"按钮，由 STEP 7-Micro/WIN32 自动读取正确的数值。

10）单击"确定"，确认 PLC 类型，并清除对话框。

11）单击工具条中的"下载"按钮，重新开始下载程序，或从菜单条选择"文件 > 下载"。一旦下载成功，在 PLC 中运行程序之前，必须将 PLC 从 STOP（停止）模式转换回 RUN（运行）模式。

12）单击工具条中的"运行"按钮，或选择"PLC > 运行"，转换回 RUN（运行）模式。

五、拓展知识

MCGS 支持以下系列的 PLC 设备：

1）西门子 S7-200（自由口，PPI 接口）、S7-300（MPI 接口，Profibus 接口）、S7-400（MPI 接口，Profibus 接口）。

2）莫迪康 Modbus-RTU 协议、Modbus-ASCII 协议，Modbus-Plus 协议。

3）欧姆龙-CQM 系列、C200 系列、CS 系列和 CV 系列。

4）三菱 FX 系列、AnA 系列。

5）松下 FP0 到 FP10 系列。

6）台达 SC501、OMC-1 系列、Open-PLC XC-2000 系列。

7）LG-MasterK 10S/30S/60S/100S 系列。

8）GE-90 系列。

9）AB 全系列。

10）富士 NB 系列。

11）和利时全系列。

六、练习

1. 理论题

1）S7-200 系列 PLC 的编程软件是什么？S7-200 CPU 控制程序的基本构成元素有哪些？

2）MCGS 支持哪些系列的 PLC？试说出三种。

2. 实践题

1）参考图 2-57、图 2-58 和图 2-59，完成 PLC 编程。

2）STEP 7-Micro/WIN 32 的个人计算机和 PLC 之间建立通信，将程序下载至该 PLC。

3）参考图 2-58 系统自动控制流程，修改组态控制程序（控制内容可分配到 MCGS 和 S7-200）。

任务 5　安全机制设置

一、教学目标

终极目标：掌握 MCGS 安全机制。

促成目标：

1）掌握操作权限设置。

2）掌握系统权限管理设置，完成用户权限管理、登录用户、退出登录、修改密码系统、运行权限等设定。

3）掌握工程加密设计。

二、工作任务

完成加热反应炉安全机制设定。

三、能力训练

1. 定义用户和用户组

1）选择工具菜单中的"用户权限管理"，打开用户管理器。默认定义的用户、用户组为负责人、管理员组。

2）单击用户组列表，进入用户组编辑状态。

3）单击"新增用户组"按钮，弹出"用户组属性设置"对话框。进行如下设置：

① 用户组名称设为"操作员组"。

② 用户组描述设为"成员仅能进行操作"。

4）单击"确认"按钮，回到用户管理器窗口。

5）单击用户列表域，单击"新增用户"按钮，弹出用户属性设置对话框。参数设置如下：

① 用户名称为"张工"。

② 用户描述为"操作员"。

③ 用户密码为"123"。

④ 确认密码为"123"。

⑤ 隶属用户组为"操作员组"。

6）单击"确认"按钮，回到用户管理器窗口。

7）再次进入用户组编辑状态，双击"操作员组"，在用户组成员中选择"张工"。

8）单击"确认"，再单击"退出"，退出用户管理器。

2. 系统权限管理

1）进入主控窗口，选中"主控窗口"图标，单击"系统属性"按钮，进入主控窗口属性设置对话框。

2）在基本属性页中单击"权限设置"按钮。在许可用户组拥有此权限列表中，选择"管理员组"，"确认"后，返回主控窗口属性设置对话框。

3）在下方的选择框中选择"进入登录，退出不登录"，单击"确认"按钮，系统权限设置完毕。

3. 操作权限管理

1）进入用户窗口，双击所需控制对象，如水位控制系统水罐1对应的滑动输入器，进入滑动输入器构件属性设置对话框。

2）单击下部的"权限"按钮，进入用户权限设置对话框。

3）选中"管理员组"，确认并退出。

4. 运行时进行权限管理

运行时进行权限管理是通过编写脚本程序实现的。

1）用到的函数包括：

① 登录用户：!LogOn( )。

② 退出登录：!LogOff( )。

③ 用户管理：!Editusers( )。

④ 修改密码：!ChangePassword( )。

2）实现步骤：

① 在主控窗口中的系统管理菜单下，添加4个子菜单：登录用户、退出登录、用户管理、修改密码。

② 双击登录用户子菜单，进入菜单属性设置对话框，在脚本程序属性页编辑区域中输入"!LogOn( )"单击"确认"，退出。

③ 按照上述步骤,在退出登录的菜单脚本程序编辑区中输入"! LogOff( )",在进行用户管理的菜单脚本程序中输入"! Editusers( )",在修改密码的菜单脚本程序中输入"! ChangePassword( )",组态完毕。进入运行环境,即可进行相应的操作。

5. 保护工程文件

为了保护工程开发人员的劳动成果和利益,MCGS组态软件提供了工程运行"安全性"保护措施。包括:

(1) 工程密码设置　回到MCGS工作台,选择工具菜单"工程安全管理"中的"工程密码设置"选项,如图2-62a所示,这时将弹出修改工程密码对话框,如图2-62b所示,在新密码、确认新密码输入框内输入123。单击"确认",工程密码设置完毕。

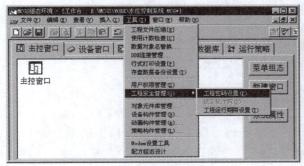
a) 工程密码设置

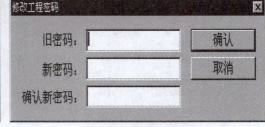
b) 修改工程密码对话框

图2-62　工程密码的设置

(2) 锁定软件狗　锁定软件狗可以把组态好的工程和软件狗锁定在一起,运行时,离开所锁定的软件狗,该工程就不能正常运行。随MCGS一起提供的软件狗都有一个唯一的序列号,锁定后的工程在其他任何MCGS系统中都无法正常运行,充分保护开发者的权利。

(3) 设置工程运行期限　为了保证开发者的利益得到及时的回报,MCGS提供了设置工程运行期限的功能,到一定的时间后,如得不到相应的回报,则可通过多级密码控制系统运行或停止。如图2-63所示,在工程试用期限设置窗口中最多可以设置四个试用期限,每个期限都有不同的密码和提示信息。运行时工作的流程是:当第一次试用期限到达时,弹出显示提示信息的对话框,要求输入密码,如不输入密码或密码输入错误,则以后每小时再弹出一次对话框;如正确输入第一次试用期限的密码,则能正常工作,直到第二次试用期限到达;如直接输入最后期限的密码,则工程解锁,以后永远正常工作。第二次和第三次试用期限到达时的操作相同,但如密码输入错误,则退出运行。当到达最后试用期限时,如不输入密码或密码错误,则MCGS直接终止,退出运行。实际应用中,请酌情使用本功能和提示信息的措辞,尽可能多给对方一些时间,多留一点余地。

注意:在运行环境中,直接按快捷键Ctrl + Alt + P弹出密码输入窗口,正确输入密码后,可以解锁工程运行期限的限制。

MCGS工程试用期限的限制是和本系统的软件狗配合使用的,简单地改变计算机的时钟改变不了本功能的实现。"设置密码"按钮用来设置进入本窗口的密码。有时候,

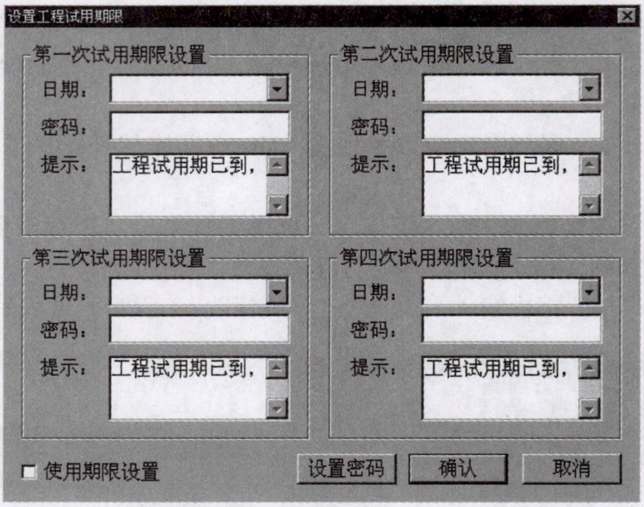

图 2-63　工程运行期限

MCGS 组态环境和工程必须一起交给最终用户，该密码可用来保护本窗口中的设置，却又不影响最终用户使用 MCGS 系统。**注意**：没有密码，不能进入本窗口。

四、理论知识

1. MCGS 为什么要有安全机制？如何进行控制？

工业控制过程中，应该尽量避免由于现场人为的误操作所引发的故障或事故，而某些误操作所带来的后果有可能是致命性的。为了防止这类事故的发生，MCGS 组态软件提供了一套完善的安全机制，严格限制各类操作的权限，使不具备操作资格的人员无法进行操作，从而避免了现场操作的任意性和无序状态，防止因误操作干扰系统的正常运行，甚至导致系统瘫痪，造成不必要的损失。

MCGS 组态软件的安全管理机制和 Windows NT 类似，引入用户组和用户的概念来进行权限的控制。在 MCGS 中可以定义无限多个用户组，每个用户组中可以包含无限多个用户，同一个用户可以隶属于多个用户组。

2. 如何建立安全机制？

MCGS 建立安全机制的要点是：严格规定操作权限，不同类别的操作由不同权限的人员负责，只有有相应操作权限的人员才能进行某些功能的操作。例如：

1）只有负责人才能进行用户和用户组管理。
2）只有负责人才能进行"打开工程""退出系统"的操作。
3）只有负责人才能进行关键设备的控制。
4）普通操作人员只能进行基本菜单和按钮的操作。

五、练习

1. 理论题

1）为什么要设置工程运行期限？最多可以设置几个试用期限？
2）MCGS 为什么要有安全机制？

2. 实践题

按以下要求设立安全机制：

用户组：管理员组、操作员组。

用户：负责人、张工。

其中负责人隶属于管理员组，张工隶属于操作员组。管理员组成员可以进行所有操作；操作员组成员只能进行菜单、按钮等基本操作。需要设置权限的部分包括"系统运行权限"。

模块三 液力变扭箱数据采集系统设计

一、教学目标
终极目标：通过该系统掌握数据采集卡在 MCGS 组态软件中的使用，以及工程数据的处理方法。
促成目标：
1）掌握研华 PCL_818L 数据采集卡的设置、调试。
2）掌握工程数据的处理方法。

二、工作任务
1）硬件系统设计。
2）数据对象存盘。
3）数据报表与曲线生成。
4）外部设备连接。

任务1 工程分析

一、教学目标
终极目标：掌握工程硬件系统设计的方法。
促成目标：了解、分析系统设计的要求。

二、工作任务
1）数据采集系统硬件电路设计。
2）PCL_818L 数据采集卡的安装、调试。

三、能力训练
（一）液力变扭箱简介

液力变扭箱是一种安装在工矿内燃机车上利用液体的动能进行能量传递的液力装置，其输入动力为柴油机，输出驱动机车运行，具有恒功率特性。

液力变扭箱主要由液力传动箱、车轴齿轮箱、换向机构和相互连接的万向轴等组成。它的核心部件是液力传动箱中的液力变扭器，主要由泵轮、涡轮和导向轮组成。液力变扭器结构示意图如图 3-1 所示。

变扭器关键在"变"。当机车起动和低速运行时，变扭器中的涡轮转速很低，工作油对涡轮叶片的压力就很大，从而满足机车起动时牵引力大的需求；当涡轮的转速随着机车运行速度的提高而加快时，工作油对涡轮叶片的压力也逐渐减小，正好满足机车高速运行时对牵引力要求小的需求。由此可见，柴油机发出的大小不变的扭矩，经过变扭器就能变成满足列车牵引要求的机车牵引力。当机车需要惰力运行或进行制动时,只要将变扭器中的工作油排出到油箱,使泵轮和涡轮之间失去联系,柴油机的功率就不会传给机车的动轮了。

泵轮通过轴和齿轮与柴油机的曲轴相连,涡轮通过轴和齿轮与机车的动轮相连,导向轮固定在变扭器的外壳上,并不转动。当柴油机起动时,泵轮被带动高速旋转,泵轮叶片则带动工作油以很高的压力和流速冲击涡轮叶片,使涡轮与泵轮以相同的方向转动,再通过齿轮把柴油机的输出功率传递到机车的动轮上,从而使机车运行。

采用液力变扭箱的车辆,在复杂的路面上行驶或外负载增大时,液力变扭箱能使车辆自动地增大牵引力,同时降低行驶速度,以克服增大的外负载;反之,当路面情况变好或外负载降低时,车辆又能够自动地减少牵引力并提高车辆的行驶速度,这样既能够避免发动机因为负载突然增大而熄火,又能够满足车辆牵引工况的要求,因而具有良好的自动适应性。

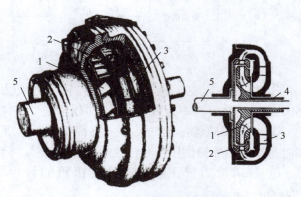

图 3-1 液力变扭器结构示意图
1—泵轮 2—涡轮 3—导向轮 4—泵轮轴 5—涡轮轴

内燃机车液力转动装置示意图如图 3-2 所示。

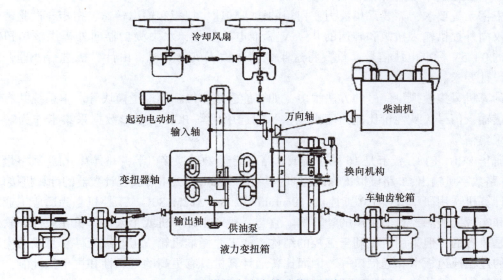

图 3-2 内燃机车液力转动装置示意图

为了保证液力变扭箱在完成组装后其输出特性符合设计要求,需要对其输出特性进行测试,包括输出转矩和输出效率,只有输出特性符合设计要求才可以装车使用。

液力变扭箱测试系统包括试验装置与数据采集系统。

（二）液力变扭箱测试系统

1. 液力变扭箱试验装置　其结构框图如图 3-3 所示。

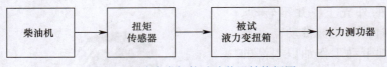

图 3-3　液力变扭箱试验装置结构框图

① 柴油机：驱动液力变扭箱旋转，为液力变扭箱旋转提供动能。其额定转速为 1500r/min，额定功率为 279.5kW，额定扭矩为 1778N·m。

② 扭矩传感器：检测液力变扭箱的输入扭矩、转速。数据由与其配套的扭矩仪显示。同时扭矩仪向外提供扭矩和转速的模拟量信号，分别为 0~5V 标准电压信号。

③ 被试液力变扭箱：液力变扭箱的最大输出转速为 2000r/min；最大输出扭矩为 5000N·m。

④ 水力测功器：液力变扭箱的可变负载。可检测液力变扭箱的输出扭矩、转速。数据由与其配套的水力测功仪显示。同时水力测功仪向外提供扭矩和转速的模拟量信号，分别为 0~5V 标准电压信号。

液力变扭箱的测试数据除由试验装置上仪表显示外，还需要数据采集系统，在电脑上显示、存储，并打印测试报表以及输出扭矩曲线和输出效率曲线。

2. 液力变扭箱数据采集硬件系统

根据系统要求，需要采集液力变扭箱的输入转速、扭矩和输出转速、扭矩。试验装置上扭矩仪向外提供输入扭矩和转速的 0~5V 标准电压信号，水力测功器向外提供输出扭矩和转速的 0~5V 标准电压信号，只要将这 4 个信号输入到计算机，由计算机进行处理，即可达到设计要求。

计算机采集模拟量信号的方法很多，如智能模块、PLC 模拟量模块等。本系统共有 4 路模拟量输入信号，从性价比的角度出发，我们选用研华 PCL_818L 数据采集卡作为输入设备来采集信号。

研华 PCL_818L 板卡是 16 路单端或 8 路双端模-数转换接口卡，并具有 16 路数字量输入和 16 路数字量输出、1 路模拟量输出，同时具有 1 个 Intel 8254 可编程计数器的计算机接口卡。

计算机选用研华 IPC-610 工控机，Pentium4/2.8G/512M/80G。工控机是为适应工业现场环境和实现工业测控目的生产的计算机。它与一般商用计算机或个人计算机在硬件和软件资源上是兼容的，但采用了更利于工控的结构，如工业标准机箱、工业级元件、总线结构以及丰富的过程通道板卡和通信口等，因而比普通计算机具有更高的可靠性和抗干扰性能，更适合工业控制。其价格一般高于同等配置的普通计算机。

由于 PCL_818L 板卡安装在计算机内的扩展槽上，为了便于外部设备信号与 PCL_818L 板卡之间接线，在外部设备信号与 PCL_818L 板卡之间需要一个接线端子板，可选用研华 PCLD_8115 接线端子板，也可自制。端子板安装在机箱外适当处，端子板与板卡之间通过 37 芯 D 型插头连接，模拟量信号与端子板之间用屏蔽导线连接。系统硬件框图如图 3-4 所示。

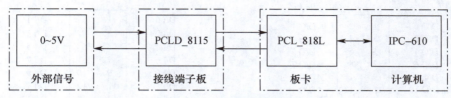

图 3-4　系统硬件框图

根据系统要求，有关 PCL_818L 板卡开关与跳线的设置如下：

1）JP12：模拟量输入信号的电压选择 5V 或 10V，选择 5V。

2）SW2：差分输入（Differential）、单端输入（Single-ended）选择，选择差分输入。

3. 液力变扭箱数据采集软件系统

为了完成液力变扭箱数据采集、显示、储存、查询、报表曲线输出等功能，系统采用 MCGS 6.2 组态软件作为开发平台，共设置 4 幅界面：

1）"数据采集"界面：在该界面中完成被测数据的显示与存储。将该界面设置为"启动窗口"。

2）"实时数据曲线"界面：该界面显示当前被试液力变扭箱的数据报表与曲线。

3）"历史数据查询"界面：该界面完成历史数据的查找。

4）"历史数据曲线"界面：该界面显示过去被试液力变扭箱的数据报表与曲线。

四、理论知识

采用通用 I/O 板卡、IPC 和组态软件构成计算机控制系统是一种较为经济、简单的设计方法。在工控领域内，采集板卡有着相当重要的地位，它可以插在 PC 的 ISA 或 PCI 插槽上，并与外界现场信号直接相连或与由传感器转换过的外界信号相连，由 PC 中的程序控制实现采集现场的模拟信号，并处理采集到的现场信号；具有输出模拟控制信号、开关量输入输出等功能。因此，采集板卡在工业控制领域内有着极其广泛的应用。

1. 设备简介

研华 PCL_818L 板卡有 16 路单端或 8 路双端模拟量输入，A-D 转换的分辨率为 12 位，输入模拟电压范围 −10 ~ +10V 或 −5 ~ +5V；1 路模拟量输出（最大 ±10V）；16 路数字量输入和 16 路数字量输出，TTL/DTL 电平兼容；1 个 Intel 8254 可编程计数器。

PCL_818L 是 PCL_818 系列中的入门级板卡，该板卡可以供要求低价位的用户使用，除了采样速率为 40kHz，以及只能接受双极性输入外，其他功能和 PCL_818HD 及 PCL_818HG 完全相同。使用 PCL_818L 前，请务必先仔细阅读本板卡的使用说明书，根据实际应用的需要来正确设置板卡的 I/O 基地址和特定的跳线。

2. 硬件连线

研华 PCL_818L 板卡共有三组信号连接器，一个 20 脚数字量输出连接器 CN1 和一个 20 脚数字量输入连接器 CN2，还有一个就是用于模拟量输入/输出及计数器的 37 脚连接器（母头）CN3 或 CN4。各连接器的接线引脚说明如图 3-5 ~ 图 3-8 所示。

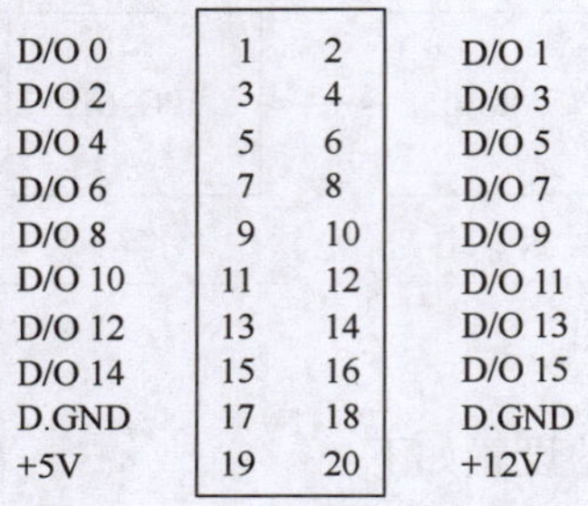

```
D/O 0    1  2   D/O 1
D/O 2    3  4   D/O 3
D/O 4    5  6   D/O 5
D/O 6    7  8   D/O 7
D/O 8    9  10  D/O 9
D/O 10  11  12  D/O 11
D/O 12  13  14  D/O 13
D/O 14  15  16  D/O 15
D.GND   17  18  D.GND
+5V     19  20  +12V
```

图 3-5　数字量输出接线 CN1

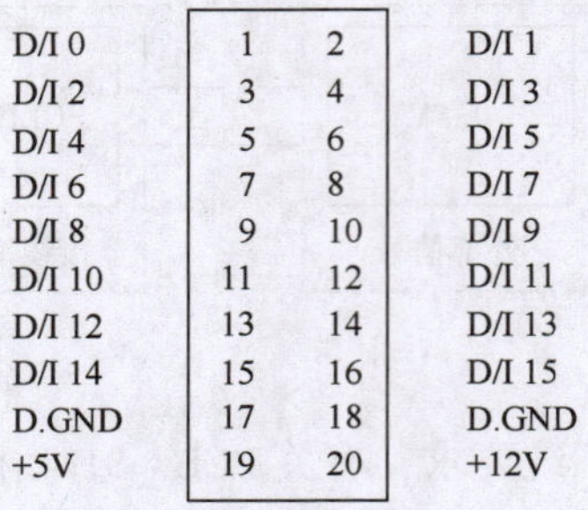

```
D/I 0    1  2   D/I 1
D/I 2    3  4   D/I 3
D/I 4    5  6   D/I 5
D/I 6    7  8   D/I 7
D/I 8    9  10  D/I 9
D/I 10  11  12  D/I 11
D/I 12  13  14  D/I 13
D/I 14  15  16  D/I 15
D.GND   17  18  D.GND
+5V     19  20  +12V
```

图 3-6　数字量输入接线 CN2

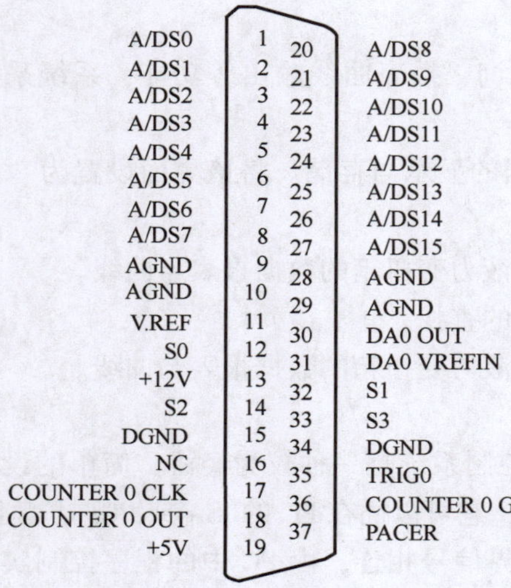

```
A/DS0            1  20  A/DS8
A/DS1            2  21  A/DS9
A/DS2            3  22  A/DS10
A/DS3            4  23  A/DS11
A/DS4            5  24  A/DS12
A/DS5            6  25  A/DS13
A/DS6            7  26  A/DS14
A/DS7            8  27  A/DS15
AGND             9  28  AGND
AGND            10  29  AGND
V.REF           11  30  DA0 OUT
S0              12  31  DA0 VREFIN
+12V            13  32  S1
S2              14  33  S3
DGND            15  34  DGND
NC              16  35  TRIG0
COUNTER 0 CLK   17  36  COUNTER 0 GATE
COUNTER 0 OUT   18  37  PACER
+5V             19
```

图 3-7　单端输入时模拟量
输入/输出及计数器接线 CN3

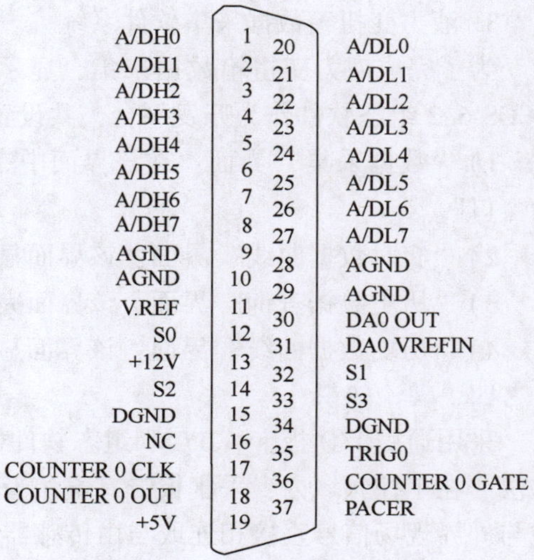

```
A/DH0            1  20  A/DL0
A/DH1            2  21  A/DL1
A/DH2            3  22  A/DL2
A/DH3            4  23  A/DL3
A/DH4            5  24  A/DL4
A/DH5            6  25  A/DL5
A/DH6            7  26  A/DL6
A/DH7            8  27  A/DL7
AGND             9  28  AGND
AGND            10  29  AGND
V.REF           11  30  DA0 OUT
S0              12  31  DA0 VREFIN
+12V            13  32  S1
S2              14  33  S3
DGND            15  34  DGND
NC              16  35  TRIG0
COUNTER 0 CLK   17  36  COUNTER 0 GATE
COUNTER 0 OUT   18  37  PACER
+5V             19
```

图 3-8　双端输入时模拟量
输入/输出及计数器接线 CN4

3. 板卡基地址的设置

PCL_818L 用一组拨码开关 SW1 来对板卡的 I/O 基地址进行设置，其中拨码开关拨到"ON"表示 0，拨到"OFF"表示 1。开关和地址的对应关系见表 3-1。

表 3-1　开关和地址的对应关系

Range (Hex)	Cable I/O addresses, FIFO disabled (SW1) Switch position					
	1	2	3	4	5	6
000 ~ 00F	●	●	●	●	●	●
010 ~ 01F	●	●	●	●	●	○
...						
200 ~ 20F	○	●	●	●	●	●
210 ~ 21F	○	●●	●	●	●	○

（续）

Cable I/O addresses, FIFO disabled (SW1)						
...						
*300 ~ 30F	○	○	●	●	●	●
...						
3F0 ~ 3FF	○	○	○	○	○	○

○ = Off　● = On　* = default

Note：

Switches 1 ~ 6 control the PC bus address lines as follows：

Switch	1	2	3	4	5	6
Line	A9	A8	A7	A6	A5	A4

表 3-1 中带 " * " 号的 I/O 基地址设置 300（16 进制）是板卡的出厂默认设置，PCL_818L 成功安装后占用系统连续 16 个 I/O 端口地址。实际使用时如果想使用板卡的出厂默认基地址，就应该事先检查系统内部 I/O 端口使用情况，看一下地址 300H ~ 30FH 是否已经被系统内其他 I/O 设备占用，图 3-9 是 300H ~ 30FH 地址范围没有被占用的情况。

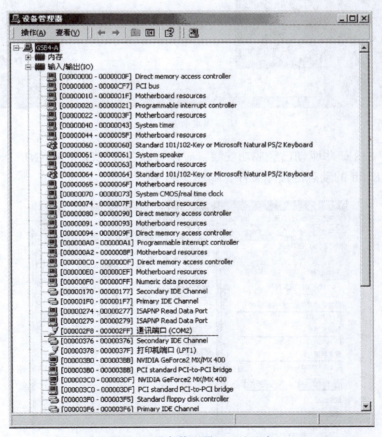

图 3-9　设备管理器 I/O 地址表

从图3-9中带下划线标识处可以看出没有其他I/O设备占用300H~30FH地址范围。这种情况下可以使用板卡的出厂默认基地址，否则板卡地址要重新设置。

4. 板卡调试

根据实际情况选择好板卡地址之后，关闭计算机及相关外部设备电源，将PCL_818L插到计算机当前空闲的ISA插槽内，安装时注意板卡插稳，使其与ISA槽接触良好，然后重新启动计算机，安装研华自带的板卡测试软件Device Manager和PCL_818HD板卡驱动（这两个软件包都可以从研华网站获得），先使用研华测试软件与板卡进行简单通信测试，以确定板卡本身没有问题。驱动程序安装界面如图3-10所示。

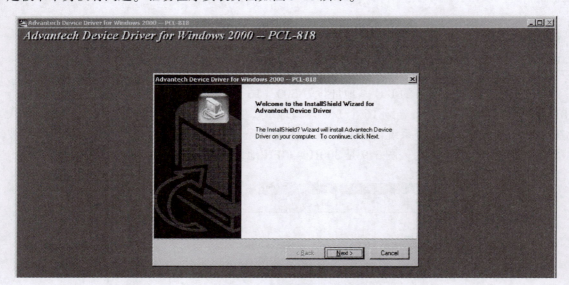

图3-10 驱动程序安装界面

如果PCL_818研华驱动已经成功安装，应该可以在系统目录WINNT\system32下找到一个名为ads818.dll的动态链接库文件，如图3-11所示。

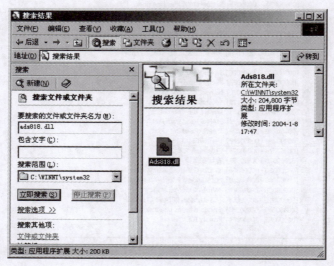

图3-11 动态链接库文件

现在打开研华自带测试软件 Device Manager，可以看到软件中驱动列表里 PCL_818L 驱动图标变为可用（带叉标志表示已消失），如图 3-12 所示。

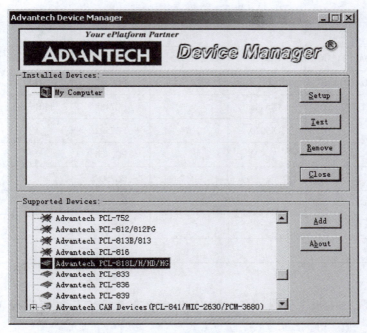

图 3-12　驱动管理器界面

选中"Advantech PCL_818L/H/HD/HG"驱动，单击"Add"按钮，进入板卡设置界面，如图 3-13 所示。**注意**：板卡地址及中断通道必须与板卡上实际设定的一致。设置完成后单击"OK"按钮确认。

设置完成后单击"Test"，进入板卡测试界面，可以对板卡的 8 路模拟量输入用 5V 电压及万用表做简单的测试，观察输入电压的显示值是否与外接电压相等。在确认板卡本身没有问题的情况下，单击"Remove"按钮，从 Device Manager 软件内卸载已经安装的板卡，然后退出 Device Manager 测试程序。

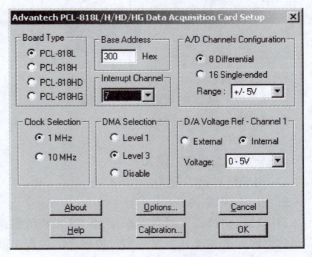

图 3-13　板卡设置界面

五、拓展知识

MCGS 可以兼容的板卡有哪些？

采用通用 I/O 板卡、IPC 和组态软件构成计算机控制系统是一种较为经济、简单的设计方法。通用板卡的种类很多，本系统采用的是研华 PCL_818L 多功能数据采集卡。除此以外还有康拓、科日新、凌华、双诺、同维、万控、武汉瑞风、先导、研祥、中泰等厂商提供的板卡。表3-2为部分板卡的型号。

表 3-2 部分板卡的型号

阿尔泰	艾雷斯	艾讯	超拓	宏拓	泓格	华远
BH5002	DAC7112DG	AX5210	IPC9372	PC7413	DIO-144	HY-6040
BH5005A	DAC7113B	AX5210_6506	IPC9488A	PC7423	ISO-813	HY-6051
BH5007	DAC7226	AX5488		PC7488	P8R8DIO	HY-6060
PCI2000		AX5020		PC7502		HY-6160
PCI2002				PC7506		
PCI2003				PC7507		
PCI2004				PC7509		
PCI2006				PC7606		
PCI2304				PC7422		

六、练习

1)在计算机的主板上安装 PCL_818L 板卡,并对板卡开关与跳线 JP12、SW2 进行设置。

2)完成 PCL_818L 板卡的测试,检查板卡基地址设置是否正确。

3)用研华自带测试软件测试输入电压的显示值是否与外接电压相等。

注意:安装板卡并设置时,一定要在计算机关机断电的情况下进行。

任务 2　　数据对象定义

一、教学目标

终极目标:掌握组对象的使用方法。

促成目标:定义组对象。

二、工作任务

1)完成数据对象的定义。

2)完成组对象的定义。

三、能力训练

前面已经讲过,实时数据库是 MCGS 工程的数据交换和数据处理中心。数据对象是构成实时数据库的基本单元,建立实时数据库的过程也就是定义数据对象的过程。

定义数据对象的内容主要包括:

1)根据工程实际需要,指定数据变量的名称、类型、初始值和数值范围。

2)确定与数据变量存盘相关的参数,如存盘的周期、存盘的时间范围和保存期限等。

数据对象要根据系统的需要来定义,尽量减少使用的数量即点数,以节约成本,因为点数越多,MCGS 加密锁的价格越高。在本工程中需要建立的数据对象见表3-3。

表 3-3　数据对象一览表

序号	数据对象	类型	注释
1	型号	字符型	变扭箱的型号
2	编号	字符型	变扭箱的出厂编号
3	输入转速	数值型	变扭箱的输入转速，来自扭矩仪 5V 电压信号，外部变量
4	输入转矩	数值型	变扭箱的输入转矩，来自扭矩仪 5V 电压信号，外部变量
5	输入功率	数值型	变扭箱的输入功率
6	输出转速	数值型	变扭箱的输出转速，来自水力测功仪 5V 电压信号，外部变量
7	输出转矩	数值型	变扭箱的输出转矩，来自水力测功仪 5V 电压信号，外部变量
8	输出功率	数值型	变扭箱的输出功率
9	效率	数值型	输出功率/输入功率
10	Data	组对象	存盘数据，用于报表、曲线等功能构件
11	拷贝文件	数值型	
12	数据存盘地址	字符型	
13	临时存盘地址	字符型	
14	历史数据存盘地址	字符型	
15	历史编号	字符型	
16	历史型号	字符型	
17	objAttrib	数值型	被查结果的类型
18	objname	字符型	被查结果的名称
19	objSize	数值型	被查结果的大小

从表 3-3 中可以看出，共有 4 个外部变量、一个组对象 Data。外部变量与外部设备的连接将在模块五设备组态中详细介绍。

定义组对象与定义其他数据对象略有不同，需要对组对象成员进行选择。具体步骤如下：

1）在数据对象列表中，双击"Data"，打开"数据对象属性设置"窗口。

2）在"基本属性"中的"对象类型"选择"组对象"；可在"对象内容注释"输入框内输入相关的注释。如图 3-14 所示。

3）单击"存盘属性"，在"数据对象值的存盘"选择框中选择"定时存盘"，并将存盘周期设为"0"，如图 3-15 所示。

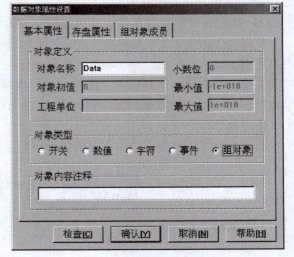

图 3-14　组对象基本属性

4）选择"组对象成员"，在左边"数据对象列表"中选择"输入转速"，单击"增加"按钮，数据对象"输入转速"被添加到右边的"组对象成员列表"中。按照同样的方法将其他所需的数据对象添加到组对象成员中。如图 3-16 所示。

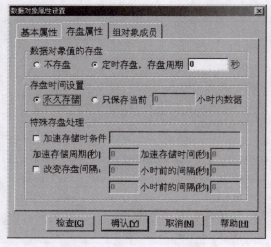

图 3-15　组对象存盘属性　　　　图 3-16　组对象成员

5）单击"确认"按钮，组对象设置完毕。

四、理论知识

1）组对象的功能是什么？

组对象用来存储具有相同存盘属性的多个变量的集合，内部成员可包含多个其他类型的变量。组对象一般是作为数据来源用于制作报表和进行数据的处理，用户把变量加入到组对象后就只要对其进行处理，而不需要处理每个对象，不仅节省了大量的时间，而且有利于管理，是 MCGS 引入的一种特殊类型的数据对象。本系统有一个组对象 Data，用于保存数据、制作报表曲线等功能构件。

2）为什么将"定时存盘，存盘周期"设为 0 秒呢？

定时存盘周期的含义是每隔一定的时间自动存盘一次组对象成员的数据。将"定时存盘，存盘周期"设为 0 秒后，MCGS 不再自动保存数据，而需要执行函数"！SaveData（Data）"才能存盘，每执行一次该函数，组对象成员数据存盘一次。这符合本系统的设计要求，调节输出转速、扭矩，待数据稳定后，执行一次函数"！SaveData（Data）"，当前数据存盘。

五、练习

在 MCGS 工程中定义表 3-3 中的数据对象。

任务 3　　主控窗口菜单组态

一、教学目标

终极目标：掌握系统主控窗口的菜单组态。

促成目标：

1）掌握下拉式菜单设置。

2）掌握可执行命令菜单设置。

二、工作任务

完成液力变扭箱数据采集系统主控窗口的菜单组态。

三、能力训练

我们共设计了 4 幅界面，系统运行时只有一幅界面显示在屏幕的前面，其余界面不可见。那么如何打开想要看到的界面呢？MCGS 提供了多种方法，这里不再赘述。下面重点介绍如何利用"主控窗口"中"菜单组态"实现这样的功能。

在"主控窗口"工作台，选中"主控窗口"，单击"菜单组态"或双击"主控窗口"，进入"菜单组态：运行环境菜单"界面，系统默认菜单如图 3-17 所示。

将系统默认菜单修改为图 3-18 所示的实际运行环境菜单。

图 3-17　系统默认菜单　　　　图 3-18　实际运行环境菜单

"实时报表曲线"和"历史报表曲线"菜单是下拉式菜单，其余都是可执行命令菜单。当 MCGS 运行时，单击相应的菜单，即可弹出相应的界面。

主控窗口的制作方法：

1）在"主控窗口"工作台，选中"主控窗口"，单击"菜单组态"或双击"主控窗口"，进入"菜单组态：运行环境菜单"界面，选中"退出系统［&X］"菜单，单击工具条中的"向左移动"图标■，将"退出系统［&X］"菜单左移到树根；保留"退出系统［&X］"菜单，其余菜单全部删除。

2）"数据采集"菜单

① 单击工具条中的"新增菜单"图标■，产生"操作0"菜单。通过"向上移动"图标■、"向下移动"图标■、"向左移动"图标■、"向右移动"图标■，将"操作0"菜单移到最上面的树根下。

② 双击"操作0"菜单，弹出"菜单属性设置"窗口。进行如下设置：

a）在"菜单属性"页中，将菜单名设为"数据采集"。

b）在"菜单操作"页中，选中"打开用户窗口"，并从下拉式菜单中选取"数据采集"。

c）在"脚本程序"页中输入下列程序：

　　　　！SetWindow(实时数据曲线,3)

　　　　！SetWindow(历史数据曲线,3)

　　　　！SetWindow(历史数据查询,3)

系统运行时单击"数据采集"菜单,打开"数据采集"界面,同时关闭其他所有界面。
③ 按"确认"按钮设置完毕。

3)"实时报表曲线"菜单

① 单击工具条中的"新增下拉菜单"图标,产生"操作集0"菜单。通过"向上移动"图标、"向下移动"图标、"向左移动"图标、"向右移动"图标,将"操作集0"菜单移到"数据采集"菜单下面的树根下。

② 双击"操作集0"菜单,弹出"菜单属性设置"窗口。在"菜单属性"页中,将菜单名设置为"实时报表曲线"。

③ 选中"实时报表曲线"菜单,单击两次工具条中的"新增菜单"图标,产生"操作0"和"操作1"菜单。分别选中"操作0"和"操作1"菜单,通过"向右移动"图标,将它们移到右边。这样"操作0"和"操作1"菜单就成为下拉菜单"实时报表曲线"的子菜单。

④ 选中"操作0",单击"新增分隔线"图标,在"操作0"和"操作1"之间增加一条分隔线。

⑤ 双击"操作0"菜单,弹出"菜单属性设置"窗口。进行如下设置:

a) 在"菜单属性"页中,将菜单名设为"显示数据"。

b) 在"菜单操作"页中,选中"打开用户窗口",并从下拉式菜单中选取"实时数据曲线"。

c) 在"脚本程序"页中输入下列程序:

    ! SetWindow(数据采集,3)

    ! SetWindow(历史数据曲线,3)

    ! SetWindow(历史数据查询,3)

d) 按"确认"设置完毕。

⑥ 双击"操作1"菜单,弹出"菜单属性设置"窗口。进行如下设置:

a) 在"菜单属性"页中,将菜单名设置为"打印数据"。

b) 在"菜单操作"页中,选中"打印用户窗口",并从下拉式菜单中选取"实时数据曲线"。

c) 按"确认"按钮设置完毕。

4)"历史报表曲线"菜单

① 选中下拉菜单"实时报表曲线",单击工具条中的"新增下拉菜单"图标,产生"操作集0"菜单。

② 双击"操作集0"菜单,弹出"菜单属性设置"窗口。在"菜单属性"页中,将菜单名设置为"历史报表曲线"。

③ 选中"历史报表曲线"菜单,单击三次工具条中的"新增菜单"图标,产生"操作0""操作1"和"操作2"菜单。分别选中"操作0""操作1"和"操作2"菜单,通过"向右移动"图标,将它们移到右边。这样"操作0""操作1"和"操作2"菜单就成为下拉菜单"历史报表曲线"的子菜单。

④ 选中"操作0",单击"新增分隔线"图标,在"操作0"和"操作1"之间增加一条分隔线;选中"操作1",单击"新增分隔线"图标,在"操作1"和"操作2"之

间增加一条分隔线。

⑤ 双击"操作0"菜单，弹出"菜单属性设置"窗口。进行如下设置：

a) 在"菜单属性"页中，将菜单名设为"数据查询"。

b) 在"菜单操作"页中，选中"打开用户窗口"，并从下拉式菜单中选取"历史数据查询"。

c) 在"脚本程序"页中输入下列程序：

　　！SetWindow（数据采集,3）

　　！SetWindow（实时数据曲线,3）

　　！SetWindow（历史数据曲线,3）

d) 按"确认"按钮设置完毕。

⑥ 双击"操作1"菜单，弹出"菜单属性设置"窗口。进行如下设置：

a) 在"菜单属性"页中，将菜单名设为"显示数据"。

b) 在"菜单操作"页中，选中"打开用户窗口"，并从下拉式菜单中选取"历史数据曲线"。

c) 在"脚本程序"页中输入下列程序：

　　！SetWindow（数据采集,3）

　　！SetWindow（历史数据曲线,3）

　　！SetWindow（历史数据查询,3）

d) 按"确认"按钮完成设置。

⑦ 双击"操作2"菜单，弹出"菜单属性设置"窗口。进行如下设置：

a) 在"菜单属性"页中，将菜单名设为"打印数据"。

b) 在"菜单操作"页中，选中"打印用户窗口"，并从下拉式菜单中选取"历史数据曲线"。

c) 按"确认"按钮设置完毕。

保存好组态设置后，运行 MCGS，看看运行界面是否如图 3-19 所示，单击菜单是否产生相应的结果。

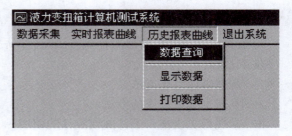

图 3-19　运行效果图

四、理论知识

1. 有关函数的意义

（1）！SetWindow（WndName，Op）

函数意义：按照名字操作用户窗口，如打开、关闭、打印。

返回值：数值型；返回值：=0：调用正常；＜＞0：调用不正常。

参数：WndName，用户窗口名，字符型；Op：操作用户窗口的方法，数值型。

　　Op＝1：打开窗口并使其可见。

　　Op＝2：打开窗口并使其不可见。

　　Op＝3：关闭窗口。

　　Op＝4：打印窗口。

　　Op＝5：刷新窗口。

实例：！SetWindow（工况图，1），打开用户窗口"工况图"，并使其可见。
（2）close( )
方法作用：关闭窗口。
返回值：浮点型，=0 为操作成功；< >0 为操作失败。
当执行该函数时，将当前窗口关闭。
（3）Open( )
方法作用：打开窗口。
返回值：浮点型，=0 为操作成功；< >0 为操作失败。
（4）Hide( )
方法作用：隐藏窗口。
返回值：浮点型，=0 为操作成功；< >0 为操作失败。
（5）Print( )
方法作用：打印窗口。
返回值：浮点型，=0 为操作成功；< >0 为操作失败。
2. 为什么本系统采用"！SetWindow（WndName，Op）"函数的 Op 值都是 3？
Op = 3 为关闭窗口，使该窗口不可见，并且从内存中删除，可提高 MCGS 的运行速度。若 Op = 2，虽窗口不可见，但占用内存，影响速度。

五、练习

完成图 3-18 所示的运行环境菜单，达到图 3-19 所示的运行效果。

任务 4　　界面编辑

一、教学目标

终极目标：掌握组对象的存盘方法及数据后处理的方法。
促成目标：
1）掌握事件组态方法。
2）掌握生成数据库的方法。
3）掌握历史表格、条件曲线控件的使用。

二、工作任务

1）完成"数据采集"界面制作。
2）完成"实时数据曲线"界面制作。
3）完成"历史数据查询"界面制作。
4）完成"历史数据曲线"界面制作。

三、能力训练

（一）"数据采集"界面

在"数据采集"界面中，要实现的功能包括：
1）实时显示输入转速、输入转矩、输出转速、输出转矩。
2）计算并显示输入功率、输出功率、效率。
3）记录试验数据，供实时报表、曲线调用。

4)以液力变扭箱的型号与编号为文件名保存试验数据,以供查询。

选中"用户窗口"中"数据采集"图标,单击"动画组态",或直接双击"数据采集"图标,进入"数据采集"界面,编辑画面。最后生成的画面如图3-20所示。

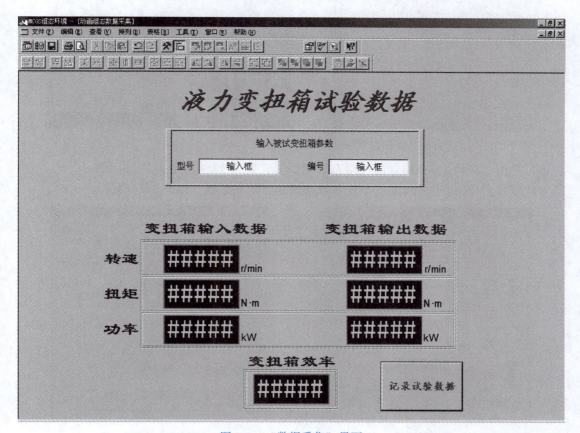

图3-20 "数据采集"界面

图3-20中"型号""编号"为输入框,输入并显示被试液力变扭箱的型号与出厂编号;"转速""扭矩""功率""变扭箱效率"为标签,显示被试液力变扭箱的试验数据;"记录试验数据"为标准按钮,记录试验数据,并以液力变扭箱的型号与编号为文件名保存试验数据。

1. "型号"输入框的组态

1)选中"工具箱"中的"输入框"构件[abl],拖动鼠标,绘制输入框。

2)双击[输入框]图标,进行属性设置,这里只需设置操作属性即可。单击"操作属性",在"对应数据对象的名称"中输入"型号",或单击浏览按钮[?],双击数据对象列表中的"型号",如图3-21所示。

3)单击"确认"。

4)选中[输入框]图标,右击鼠标,选择"事件",如图3-22所示。

 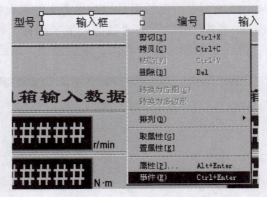

图 3-21 "型号"输入框属性设置　　　　图 3-22 "输入框"右键菜单

5）单击"事件",弹出"事件组态"对话框,如图 3-23 所示。

6）双击"Change",弹出"事件参数连接组态"对话框,如图 3-24 所示。

图 3-23 "事件组态"对话框　　　　图 3-24 "事件参数连接组态"对话框

7）单击"事件连接脚本",弹出"脚本程序"输入界面,如图 3-25 所示。

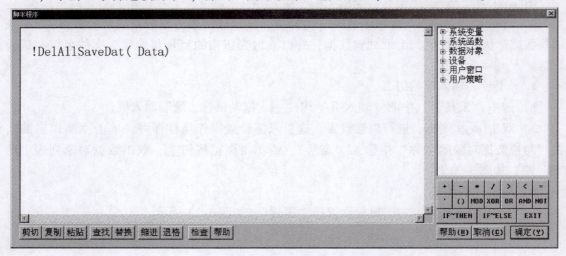

图 3-25 事件"脚本程序"编辑框

8）在输入框中输入脚本程序"！DelAllSaveDat（Data）"。

9）一直按"确认"键，保存设置。

"编号"输入框的组态与"型号"输入框的组态类似。

2. "变扭箱输入转速"标签的组态

1）单击"工具箱"中的"标签"图标 A，绘制标签。

2）选中标签，右击鼠标，选择"改字符"，在标签中输入5个"#"，如图3-26所示。

3）双击标签进行属性设置，"属性设置"中在"输入输出连接"选项中选择"显示输出"，如图3-27所示。

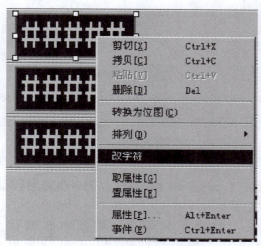

图3-26　"标签"右键菜单

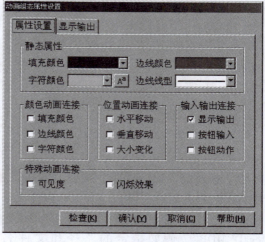

图3-27　标签"属性设置"对话框

4）单击"显示输出"，在"表达式"中输入"输入转速"，或单击浏览按钮 ? ，双击数据对象列表中的"输入转速"，如图3-28所示。

5）单击"确认"。

其余标签的组态与"输入转速"类似，除"变扭箱效率"显示输出的小数位数设置为1位，其余显示输出的小数位数均设置为0。

3. 用户窗口属性的组态

功率、效率是根据检测到的"转速"与"扭矩"计算得出的，我们把计算公式放在"用户窗口属性设置"的"循环脚本"中，"循环时间"设为"100ms"，如图3-29所示。

脚本程序为：

输入功率＝输入扭矩＊输入转速/9550

输出功率＝输出转速＊输出扭矩/9550

效率＝100＊输出功率/输入功率

当打开"数据采集"界面时，每隔100ms执行一次脚本程序，计算输入、输出功率及效率，并显示在界面上。

4. "记录试验数据"按钮的组态

"记录试验数据"按钮是用来记录试验数据的。当液力变扭箱的输入、输出转速与扭矩调节好并稳定后，单击一次"记录试验数据"按钮，试验数据及有关参数将作为一组数据保存在数据库中。程序放置在按钮属性的"脚本程序"中：

! SaveData(Data)' 保存组对象 Data 的数据

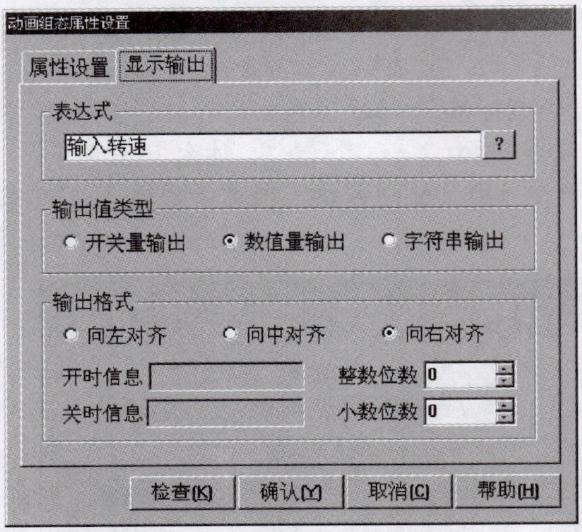

图 3-28　标签"显示输出"属性对话框

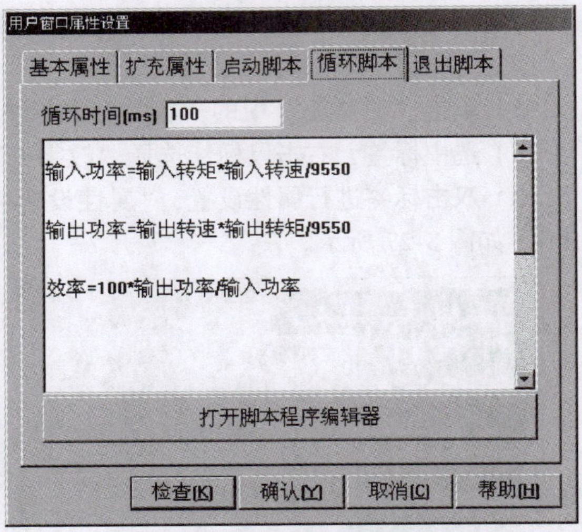

图 3-29　用户窗口属性"循环脚本"窗口

5. 数据的记录

当单击"记录试验数据"按钮时，执行函数"! SaveData（Data）"，记录组对象数据。组对象数据究竟记录在什么地方呢？以什么形式记录？

MCGS 运行时，将数据对象的值存入一个数据库文件中，数据库名默认为"McgsD.MDB"。假如指定的路径和文件名为"D:\液力变扭箱试验台试验数据\McgsD.MDB"，则组态过程：

1）在 D 盘的根目录下建立文件夹"液力变扭箱试验台试验数据"。

2）在"主控窗口"中，选中"主控窗口"，单击"系统属性"，弹出"主控窗口属性设置"对话框，单击"存盘参数"，将"存盘数据库文件"的路径改为"D:\液力变扭箱试验台试验数据\McgsD.MDB"，如图 3-30 所示。

3）运行组态软件，单击"记录试验数据"按钮，退出运行。

查看一下 D 盘"液力变扭箱试验台试验数据"文件夹中，"McgsD.MDB"数据库文件是否已经存在了。打开数据库中的 Data_MCGS 表，检查是否与组对象 Data 中的数据对象名及其排列顺序一致。Data_MCGS 表如图 3-31 所示。

"McgsD.MDB"数据库文件在后面的组态中要使用到，不要删除。

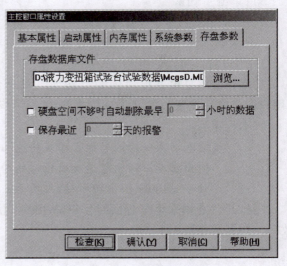

图 3-30　主控窗口属性设置

图 3-31 Data_MCGS 表

6. 复制"McgsD.MDB"数据库

在记录"McgsD.MDB"数据库的同时,将"McgsD.MDB"数据库复制到以液力变扭箱的型号与编号为文件名的数据库中,供以后查询。组态过程:

1)在"运行策略"中,双击"循环策略"进入策略组态窗口。
2)双击 图标进入"策略属性设置",将循环时间设为"200ms",按"确认"。
3)在策略组态窗口中,增加策略行,并添加"脚本程序"构件,如图 3-32 所示。

图 3-32 循环策略

4)双击 进入"脚本程序"编辑环境,输入下面的程序:

数据存盘地址 = "D:\ 液力变扭箱试验台试验数据 \ 历史数据 \ " + 型号 + " + " + 编号 + ".MDB"

其含义:液力变扭箱的试验数据的存盘地址是以"型号+编号"为文件名、".MDB"为扩展名,存盘路径为"D:\ 液力变扭箱试验台试验数据 \ 历史数据 \ "。如型号为"ynx",编号为"1",则文件名为"ynx+1.MDB"。

所有的液力变扭箱的测试数据都保存在"D:\ 液力变扭箱试验台试验数据 \ 历史数据 \ "中。

5)在"运行策略"中,单击"新建策略",弹出"选择策略的类型"对话框,选择"用户策略",单击"确定"按钮。这样在"运行策略"中添加了"策略 1"。
6)双击"策略 1"进入策略组态窗口。
7)双击 图标进入"策略属性设置",将"策略名称"设为"存盘数据拷贝"。
8)在策略组态窗口中,增加策略行,并添加"存盘数据拷贝"构件,如图 3-33 所示。

图 3-33 "存盘数据拷贝"策略

9)双击 进入"存盘数据拷贝构件属性设置"环境。

"拷贝设置"页如图 3-34 所示,"来源数据库"为"D:\ 液力变扭箱试验台试验数据 \ McgsD.MDB";"目标数据库"为数据对象"数据存盘地址";"拷贝数据表"为"Data_MCGS";"目标数据表"为"Data_MCGS"。

"时间条件"页如图 3-35 所示。

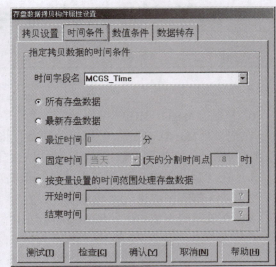

图 3-34　存盘数据拷贝构件"拷贝设置"属性设置　　图 3-35　存盘数据拷贝构件"时间条件"属性设置

10）双击"数据采集"界面中的"记录试验数据"按钮，在"操作属性"中选择"执行运行策略块"，从下拉框中选择"存盘数据拷贝"，如图 3-36 所示。

11）在 D 盘"液力变扭箱试验台试验数据"文件夹中新建"历史数据"文件夹。

当单击"记录试验数据"按钮时，执行按钮"脚本程序"中的数据保存程序，将数据保存在"D:\液力变扭箱试验台试验数据 \ McgsD.MDB"中，同时执行"存盘数据拷贝"策略，将 McgsD.MDB 复制到"D:\液力变扭箱试验台试验数据 \ 历史数据 \ X + X.MDB"中。

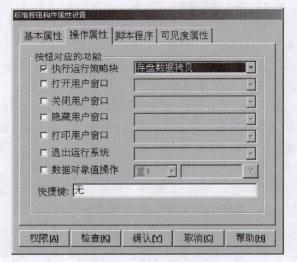

图 3-36　"记录试验数据"按钮"操作属性"

现测试一下程序的运行情况：运行 MCGS，型号输入"ynx"，编号输入"1"，单击数次"记录试验数据"按钮，退出运行。我们查看一下"D:\液力变扭箱试验台试验数据 \ 历史数据"文件夹中，"ynx + 1.MDB"数据库文件是否已经存在了，是否与"D:\液力变扭箱试验台试验数据"文件夹中的"Mcgs.MDB"数据库文件一致。

(二)"实时数据曲线"界面

在"实时数据曲线"界面中，要将当前正在测试的液力变扭箱的数据以报表和曲线的形式表达出来。当前正在测试的液力变扭箱的数据是以 Data 组对象的方式保存在"D:\液力变扭箱试验台试验数据 \ McgsD.MDB"中的。

选中"用户窗口"中的"实时数据曲线"图标，单击"动画组态"，或直接双击"实时数据曲线"图标,进入"实时数据曲线"界面,开始编辑画面。最后生成的画面如图 3-37 所示。

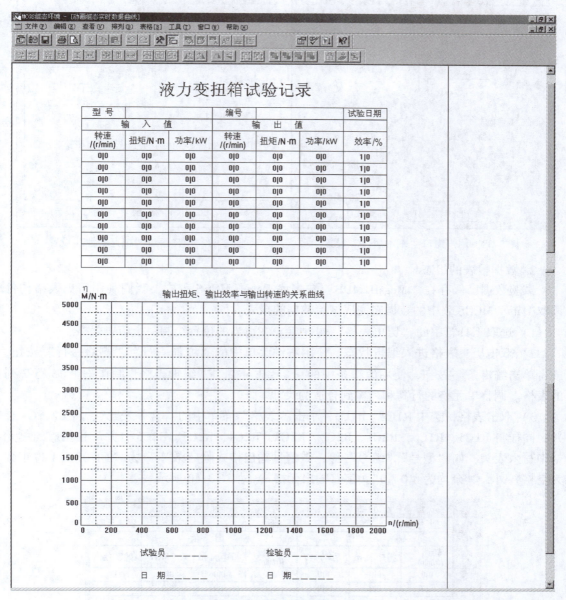

图 3-37 "实时数据曲线"界面

图 3-37 中上半部分为试验数据报表,报表内容有"型号""编号""试验日期"以及 10 次试验数据;下半部分为输出扭矩、输出效率与输出转速的关系曲线。

1. 用户窗口属性设置

1)双击界面空白处,弹出"用户窗口属性设置"对话框,因为该界面要打印,故"窗口背景"设置为"白色","基本属性"设置如图 3-38 所示。

2)选择"扩充属性",打印纸选择 A4 纸,故"窗口视区大小"选择 A4 210×297mm,

纵向打印，设置如图3-39所示。

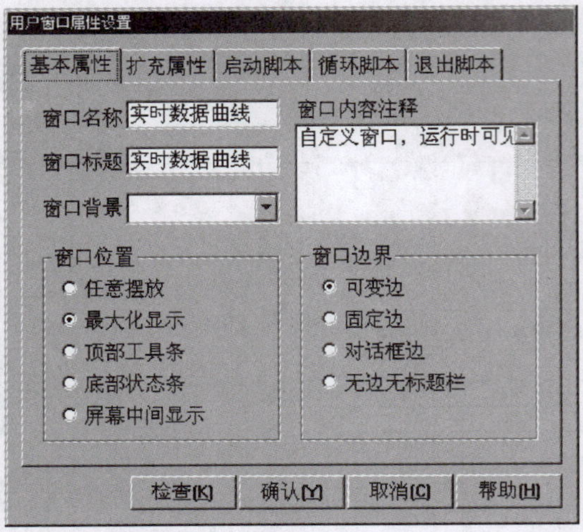

图3-38 用户窗口"基本属性"设置

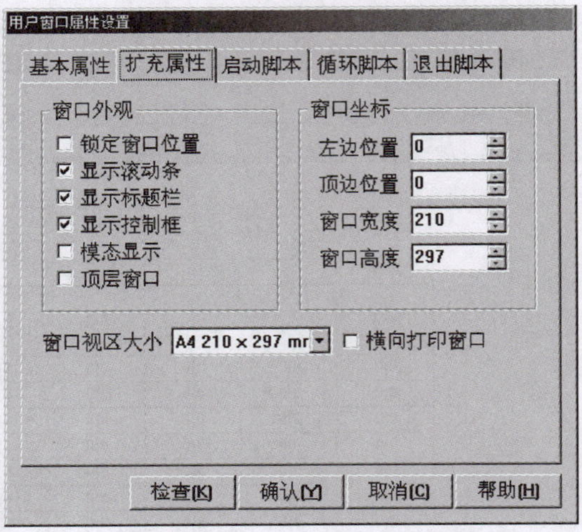

图3-39 用户窗口"扩充属性"设置

2. 数据报表的组态

试验数据已保存在"McgsD.MDB"数据库 Data_MCGS 表中，我们利用历史表格构件读取 Data_MCGS 表中的数据来完成试验数据的报表。

1) 选取工具箱中的"历史表格"构件▦，在适当的位置绘制一个历史表格。

2) 双击历史表格进入编辑状态。使用右键菜单中的"增加一行""删除一行"按钮，或者单击编辑条▯按钮，使用编辑条中的▮、▮、▮、▮编辑表格，制作一个13行7列的表格。调整单元格的行高和列宽到合适的尺寸。

3) 双击表格，选中R1C2、R1C3，单击"表格"菜单中的"合并表元"，将C2、C3合并；同样将R1C5、R1C6，R2C1、R2C2、R2C3、R2C4、R2C5、R2C6合并。在相应的单元格中写入表头，如"型号""编号"等；数值量输出格式除"效率"为"1|0"（1位小数无空格）外，其余均为"0|0"；字符输出无格式。如图3-40所示。

	C1	C2	C3	C4	C5	C6	C7
R1	型 号			编 号			试验日期
R2	输 入 值			输 出 值			
R3	转速/ /(r/min)	扭矩/N·m	功率/kW	转速/ /(r/min)	扭矩/N·m	功率/kW	效率/%
R4	0|0	0|0	0|0	0|0	0|0	0|0	1|0
R5	0|0	0|0	0|0	0|0	0|0	0|0	1|0
R6	0|0	0|0	0|0	0|0	0|0	0|0	1|0
R7	0|0	0|0	0|0	0|0	0|0	0|0	1|0
R8	0|0	0|0	0|0	0|0	0|0	0|0	1|0
R9	0|0	0|0	0|0	0|0	0|0	0|0	1|0
R10	0|0	0|0	0|0	0|0	0|0	0|0	1|0
R11	0|0	0|0	0|0	0|0	0|0	0|0	1|0
R12	0|0	0|0	0|0	0|0	0|0	0|0	1|0
R13	0|0	0|0	0|0	0|0	0|0	0|0	1|0

图3-40 历史表格属性

4）双击表格，单击"表格"菜单中的"连接"，选中 R1*C2* ~ R1*C3*，单击"表格"菜单中的"合并表元"，R1*C2* ~ R1*C3* 区域会出现反斜杠。同样对 R1*C5* ~ R1*C6*；R2*C7*；R4*C1* ~ R13*C7* 进行操作。结果如图 3-41 所示。

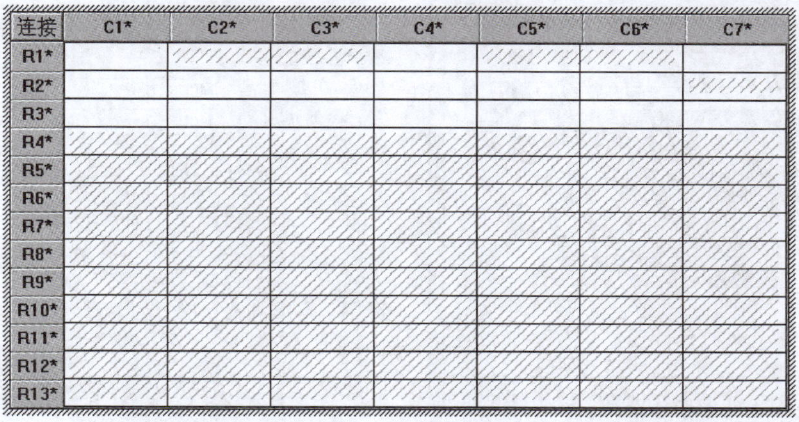

图 3-41　历史表格连接属性

5）R1*C2* ~ R1*C3* 是显示"型号"的区域。双击该区域，弹出"数据库连接设置"对话框，具体设置如下：

"基本属性"选项卡："连接方式"选取"在指定的表格单元内，显示满足条件的数据记录"，其余不选。如图 3-42 所示。

"数据来源"选项卡：选取"组对象对应的存盘数据"，组对象名设为"Data"。如图 3-43 所示。

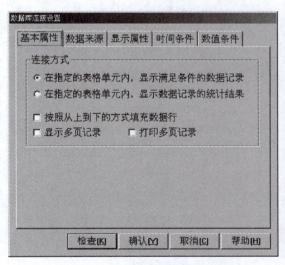

图 3-42　"型号"表格数据库连接
"基本属性"设置

图 3-43　"型号"表格数据库连接
"数据来源"设置

"显示属性"选项卡：在 R1 表元的"对应数据列"中选择"型号"列。如图 3-44 所示。

"时间条件"选项卡:"排序列名"选择"MCGS_Time""降序";"时间列名"选择"MCGS_Time""所有存盘数据"。如图3-45所示。

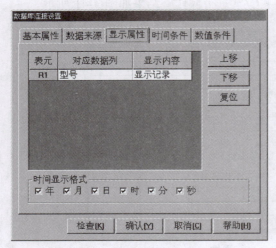

图3-44 "型号"表格数据库连接"显示属性"设置

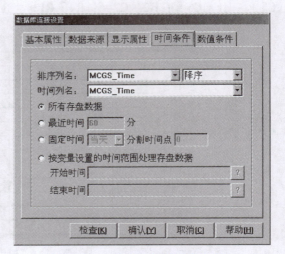

图3-45 "型号"表格数据库连接"时间条件"设置

6) R1*C5*~R1*C6*是显示"编号"的区域;R2*C7*是显示"试验日期"的区域;组态方式与显示"型号"区域类似。

7) R4*C1*~R13*C7*是显示10组试验数据的区域,双击该区域,弹出"数据库连接设置"对话框,具体设置如图3-46~图3-49所示。

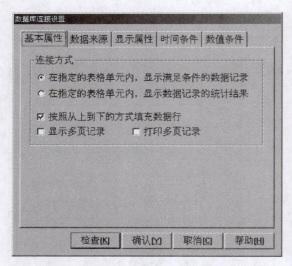

图3-46 "试验数据"表格数据库连接"基本属性"设置

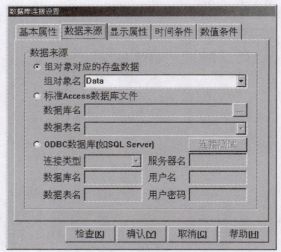

图3-47 "试验数据"表格数据库连接"数据来源"设置

3. 曲线的组态

MCGS提供了"历史曲线""相对曲线""条件曲线""计划曲线"等实现曲线的构件。根据要求,选择"条件曲线"构件来完成输出扭矩、输出效率与输出转速的关系曲线。

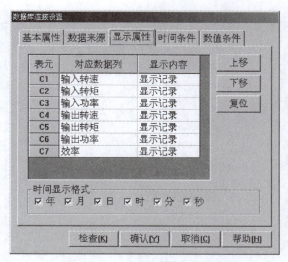

图 3-48 "试验数据"表格数据库
连接"显示属性"设置

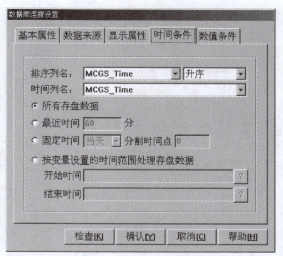

图 3-49 "试验数据"表格数据库
连接"时间条件"设置

1）使用工具箱中的"条件曲线"构件，绘制一个一定大小的曲线图形，放置在合适的位置。

2）双击该曲线，弹出"条件曲线构件属性设置"对话框，进行如下设置：

"基本属性"选项卡：

a）"构件名称"设为"输出特性"；"构件背景"设为"白色"。

b）X、Y 主划线设为"10"；线型设为"黑色细实线"；X、Y 次划线设为"2"，线型设为"黑色细虚线"。

c）"背景颜色"设为"白色"；"边框颜色"设为"黑色"；"边框线型"设为"细实线"。

"基本属性"的设置如图 3-50 所示。

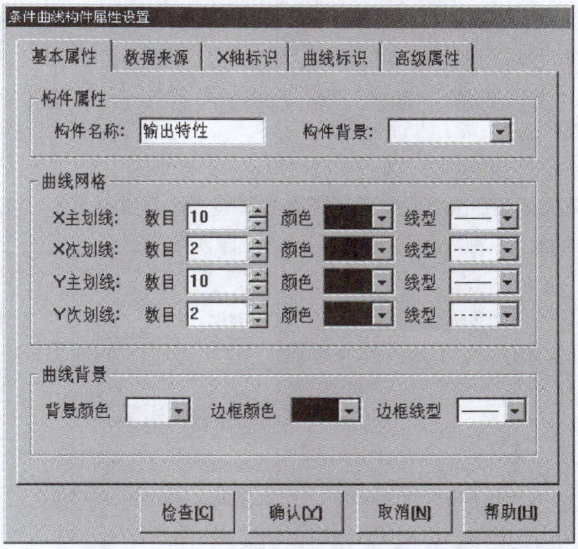

图 3-50 "条件曲线"构件的"基本属性"设置

"数据来源"选项卡选取"MCGS 组对象对应的存盘数据表"，"组对象名"设置为"Data"。如图 3-51 所示。

"X 轴标识"选项卡：

a）"X 轴坐标类型"设置为"XY 相对曲线"。

b）"X 轴标识设置"中，"对应的列"选择"输出转速"；"最小坐标"设为"0"；"最大坐标"设为"2000"。

"X 轴标识"的设置如图 3-52 所示。

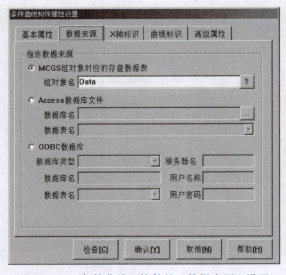

图 3-51　"条件曲线"构件的"数据来源"设置　　图 3-52　"条件曲线"构件的"X 轴标识"设置

"曲线标识"选项卡：

a）选中"曲线 0"，"曲线内容"设为"输出扭矩"；"曲线颜色"设为"红色"；"小数位数"设为"0"；"最大坐标"设为"5000"。如图 3-53 所示。

b）选中"曲线 1"，"曲线内容"设为"效率"；"曲线颜色"设为"蓝色"；"小数位数"设为"2"；"最大坐标"设为"100"。如图 3-54 所示。

图 3-53　"条件曲线"构件的"曲线标识"设置（1）　　图 3-54　"条件曲线"构件的"曲线标识"设置（2）

"高级属性"选项卡：

a）"时间条件"选择"所有存盘数据"。

b）"数据条件"无。

c）"数据排列"选择"排序 1、输出转速、升序"。

d)"曲线外观"选择"不显示翻页按钮"。

进入运行环境,单击下拉式菜单"实时报表曲线",选择命令"显示数据",弹出"实时数据曲线"界面,就可以看到报表与曲线了。图3-55为实际测试数据报表。

液力变扭箱试验记录

型号	ynx		编号	1		试验日期
输 入 值			输 出 值			2007-08-10
转速/(r/min)	扭矩/N·m	功率/kW	转速/(r/min)	扭矩/N·m	功率/kW	效率/%
1500	1600	251	433	3690	167	66.6
1500	1600	251	756	2196	174	69.2
1500	1600	251	892	1800	168	66.9
1500	1600	251	1055	1602	177	70.4
1500	1600	251	1152	1469	177	70.5
1500	1600	251	1280	1291	173	68.9
1500	1600	251	1377	1174	169	67.4
1500	1600	251	1443	1120	169	67.3
1500	1600	251	1550	1030	167	66.5
1500	1600	251	1700	950	169	67.3

图3-55 实际测试数据报表

图3-56为实际测试数据曲线,其中曲线①为输出扭矩,曲线②为输出效率。

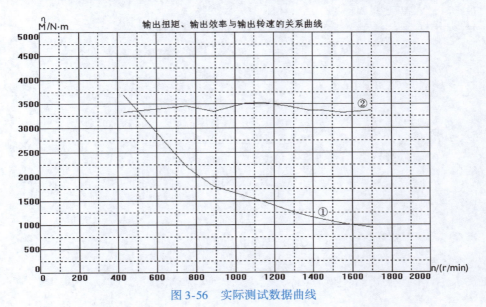

图3-56 实际测试数据曲线

在没有外部输入信号的情况下,也可以模拟运行。

首先在"数据采集"界面上制作四个输入框,分别与数据对象"输入转速""输入扭矩""输出转速"和"输出扭矩"连接。然后运行MCGS,输入型号、编号,按照图3-55中的输入、输出数据逐条输入并保存。

单击下拉式菜单"实时报表曲线",选择命令"显示数据",弹出"实时数据曲线"界面,结果与图 3-56 相同。

(三)"历史数据查询"界面

已经完成的测试数据以产品"型号+编号"为文件名保存在"D:\液力变扭箱试验台试验数据\历史数据"路径下。

在"历史数据查询"界面中,根据液力变扭箱的型号和编号查找其试验数据是否存在。如果存在,将数据库复制到数据对象"临时存盘地址"指定的位置,利用"历史表格"与"条件曲线"构件调用。

首先在"循环策略"的"脚本程序"中添加程序:

历史数据存盘地址 ="D:\液力变扭箱试验台试验数据\历史数据\" + 历史型号 +" +" + 历史编号 +". MDB"

临时存盘地址 ="D:\液力变扭箱试验台试验数据\临时 McgsD. MDB"

第一条程序的含义:给数据对象"历史数据存盘地址"定义要查找的液力变扭箱试验数据的存盘地址及文件名;第二条程序的含义:给数据对象"临时存盘地址"定义存盘路径和文件名,供历史报表与曲线调用。

选中"用户窗口"中的"历史数据查询",单击"动画组态",或直接双击"历史数据查询",进入"历史数据查询"界面。开始编辑画面,最后生成的画面如图 3-57 所示。

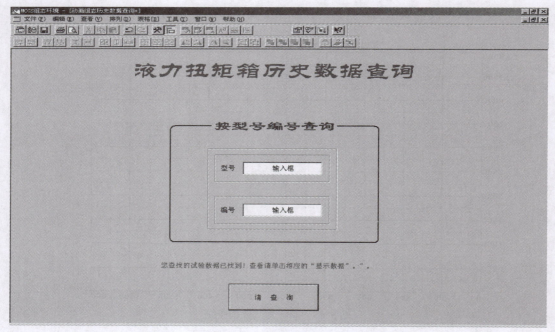

图 3-57 历史数据查询界面

图 3-57 中"型号""编号"为输入框,输入并显示要查询的液力变扭箱的历史型号与历史出厂编号;"请查询"为标准按钮,查询其试验数据是否存在,如果存在,将数据库复制到数据对象"临时存盘地址"指定的位置。

1. "型号"输入框的组态

1)选中"工具箱"中的"输入框"构件 abl,拖动鼠标,绘制输入框。

2)双击"型号" 输入框 图标,进行属性设置。这里只需设置"操作属性"即可。单击"操作属性",在"对应数据对象的名称"中输入"历史型号",或单击浏览按钮 ? ,双击数据对象列表中的"历史型号",如图 3-58 所示。

3)单击"确认"。

4)选中"型号" 输入框 图标,右击鼠标,选择"事件",弹出"事件组态"对话框,如图 3-59 所示。

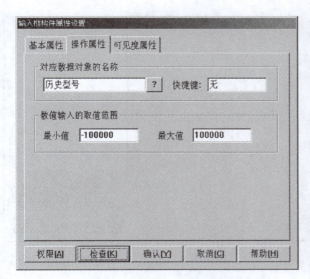

图 3-58 "型号"输入框属性　　　　　图 3-59 "事件组态"对话框

5)双击"Change",弹出"事件参数连接组态"对话框,单击"事件连接脚本",弹出"脚本程序"输入界面,如图 3-60 所示。

6)在输入框中输入初始化脚本程序:

　　　　objSize = 0   '要查找的文件大小为 0

　　　　拷贝文件 = 1   '文件复制成功

　　　　! FileDelete(临时存盘地址)   '删除临时文件

7)连续按"确认"键,保存设置。

"编号"输入框的组态与"型号"类似。

界面的"用户窗口属性设置"在"启动脚本"页中,输入下列程序进行初始化。

　　　　objSize = 0   '要查找的文件大小为 0

　　　　拷贝文件 = 1   '文件复制成功

2. "请查询"按钮的设置

1)双击"请查询"按钮,弹出"标准按钮构件属性设置"对话框,选择"脚本程序"页,输入以下程序:

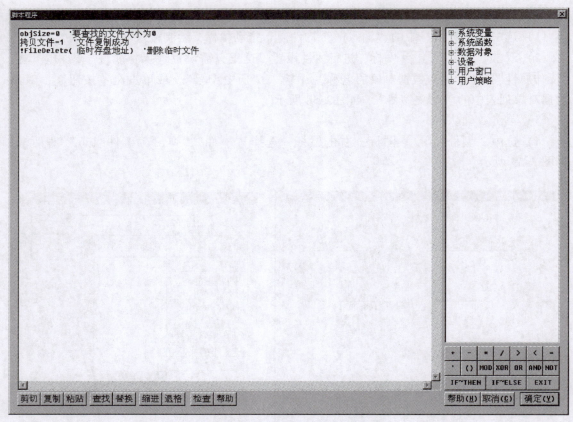

图 3-60 事件"脚本程序"编辑框

!FileDelete(临时存盘地址) '删除临时文件
　　objname = "" '要查找的文件名称初始化
　　objSize = 0 '要查找的文件大小初始化
　　objAttrib = 0 '要查找的文件属性初始化
　　拷贝文件 = 0 '文件复制初始化失败
　　'#查找历史数据文件并复制到临时存盘地址#'
　　!FileFindFirst(历史数据存盘地址,objname,objSize,objAttrib)
　　'查找"历史数据存盘地址"指定的文件
　　IF objSize >0 THEN '假定指定的文件存在
　　　　拷贝文件 = !FileCopy(历史数据存盘地址,临时存盘地址)
　　　　'将找到的文件复制到"临时存盘地址"指定地方
　　ENDIF

程序中数据对象"历史数据存盘地址"和"临时存盘地址"的赋值是在"循环策略"的"脚本程序"中完成的。

2) 单击"确定"。

3. 在界面上设置的 3 条标签

在界面上我们设置了 3 条标签,对查找的结果进行显示,分别是:

1）您查找的试验数据已找到！查看请单击相应的"显示数据"。

这条标签设置为蓝色，其"可见度"属性设置如图3-61所示。

表达式"objSize > 0 AND 拷贝文件 = 1"的含义是：如果文件被找到并且复制成功，那么该条标签显示。

2）您查找的试验数据不存在！请重新输入。

这条标签设置为红色，其"可见度"属性设置为："objSize = 0 AND 拷贝文件 = 0"。含义是：如果文件没找到，复制不成功，那么该条标签显示。

3）您查找的试验数据已找到，但复制失败！请重新操作。

这条标签设置为红色，其"可见度"属性设置为："objSize > 0 AND 拷贝文件 = 0"。含义是：如果文件被找到但复制不成功，那么该条标签显示。

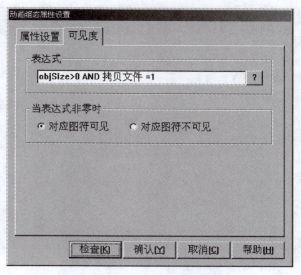

图3-61 标签"可见度"设置

把这3条标签通过"工具条"下"中心对齐"按钮 叠加在一起。当某个条件满足时，对应的标签就显示，其余标签隐含。

（四）"历史数据曲线"界面

在"历史数据曲线"界面中，我们要将液力变扭箱的历史数据以报表和曲线的形式表达出来。历史数据以"型号 + 编号"为文件名、".MDB"为扩展名，保存在"D：\液力变扭箱试验台试验数据\历史数据"文件夹中。由于历史报表与条件曲线构件中的数据来源是唯一的，因此通过"历史数据查询"界面，将被查的文件复制到指定的"D：\液力变扭箱试验台试验数据"文件夹中，并改名为"临时McgsD.MDB"。这就是我们设置"历史数据查询"界面的目的。

选中"用户窗口"中的"历史数据曲线"图标，单击"动画组态"，或直接双击"历史数据曲线"图标，进入"历史数据曲线"界面。

1. 用户窗口属性设置

1）双击界面空白处，弹出"用户窗口属性设置"对话框，因为该界面要打印，故"窗口背景"设置为"白色"，"基本属性"设置如图3-62所示。

2）选择"扩充属性"选项卡，打印纸选择A4纸，故"窗口视区大小"选择A4 210×297mm，纵向打印，设置如图3-63所示。

2. 报表与曲线的绘制

由于"历史报表曲线"与"实时报表曲线"界面完全相同，只是数据来源不同，所以可以将"实时数据曲线"界面完全复制到"历史数据曲线"界面中来。操作方法：

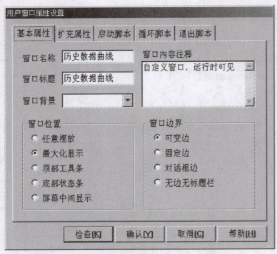
图 3-62 历史数据曲线界面 "基本属性"

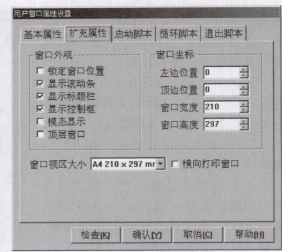
图 3-63 历史数据曲线界面 "扩充属性"

1) 打开 "实时数据曲线" 界面,单击菜单 "编辑" 中的 "全选",再单击 "编辑" 中的 "拷贝"。

2) 打开 "历史数据曲线" 界面,单击菜单 "编辑" 中的 "粘贴" 即可。

3. 修改报表数据来源

1) 双击历史表格进入编辑状态,单击菜单 "表格" 中的 "连接",对所有出现反斜杠的区域进行重新组态。

2) R1 * C2 * ~ R1 * C3 * 是显示 "型号" 的区域。双击该区域,弹出 "数据库连接设置" 对话框,选择 "数据来源" 页,"数据来源" 选择 "标准 Access 数据库文件","数据库名" 为 "D:\ 液力变扭箱试验台试验数据\ 临时 McgsD.MDB","数据表名" 选择 "Data_MCGS",如图 3-64 所示。

3) 其余属性与 "实时数据曲线" 界面中 "历史表格" 构件设置相同,不用修改。单击 "确认" 完成设置。

采用上述方法,将其他有反斜杠区域的 "数据库连接设置" 中的 "数据来源" 页的 "数据来源" 选取为 "标准 Access 数据库文件","数据库名" 为

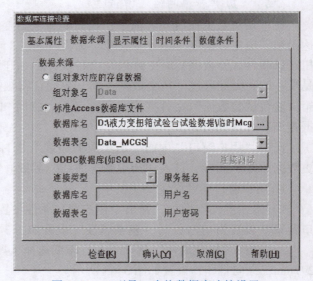
图 3-64 "型号" 表格数据库连接设置

"D:\ 液变扭箱试验台试验数据\ 临时 McgsD.MDB","数据表名" 选取 "Data_MCGS"。

4. 修改曲线数据来源

1) 双击 "条件曲线",弹出 "条件曲线构件属性设置" 窗口,选择 "数据来源" 页,

将"数据来源"选取为"Access 数据库文件","数据库名"为"D：\液力变扭箱试验台试验数据\临时McgsD.MDB","数据表名"选取"Data_MCGS",如图3-65所示。

2)其余属性与"实时数据曲线"界面中"条件曲线"构件设置相同,不用修改。单击"确认"完成设置。

"历史数据曲线"界面组态完成。前面我们模拟完成了型号为"ynx"、编号为"1"的液力变扭箱的试验,并且通过"实时数据曲线"界面查看了报表与曲线。那么,通过"历史数据查询"和"历史数据曲线",看看结果如何。

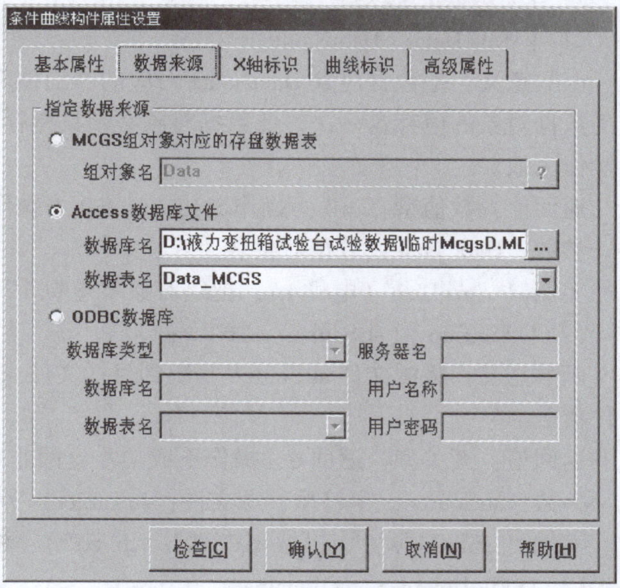

图3-65 "条件曲线"构件的"数据来源"

四、理论知识

1. 当型号或编号发生改变时,如何实现试验数据文件名的变化

1)"编号"与"型号"输入框的事件"Change"中,输入脚本程序"! DelAllSaveDat (Data)",其含义是：当"编号"或"型号"发生改变时,删除组对象 Data 所保存的数据,以便记录当前液力变扭箱的数据。如果不删除原有数据,那么不同"编号"或"型号"的测试数据将保存在同一个数据库中,给数据查询造成麻烦。

2)在"循环策略"中添加脚本程序"数据存盘地址 ="D：\液力变扭箱试验台试验数据\历史数据\" + 型号 +" " + 编号 +".MDB"",数据对象"数据存盘地址"的值随着"编号"与"型号"的改变而改变。

3)在"运行策略"中添加用户策略"存盘数据拷贝"策略,当单击"记录试验数据"按钮时,执行"存盘数据拷贝"策略,将"D：\液力变扭箱试验台试验数据\McgsD.MDB"复制到数据对象"数据存盘地址"指定的地方,供以后查询

2. 为什么采用"条件曲线"构件来完成输出扭矩、输出效率与输出转速的关系曲线

试验数据已保存在"McgsD.MDB"数据库 Data_MCGS 表中,那么采用什么方法读取 Data_MCGS 表中的数据来完成输出扭矩、输出效率与输出转速的关系曲线呢？MCGS 为我们提供了很多曲线构件,如"实时曲线""历史曲线""相对曲线""条件曲线"及"计划曲线"等。利用"历史曲线"构件是否可行？我们知道,"历史曲线"构件的 X 坐标必须是时间坐标 MCGS_Time,我们要求的 X 坐标是"输出转速",因此"历史曲线"构件无法实现,而利用"条件曲线"构件是最简便的方法。

当然利用"实时曲线""相对曲线"也可以实现这样的要求,但实现起来比较麻烦。

3. 有关函数的意义

(1) ! SaveData (DataName)

函数意义：把数据对象 DataName 对应的当前值存入存盘数据库中。本函数的操作使对应的数据对象的值存盘一次。此数据对象必须具有存盘属性，且存盘时间需设为 0 秒。否则会操作失败。

返回值：数值型，=0 为操作成功；<>0 为操作失败。

参数：DataName，数据对象名。

实例：! SaveData（电机 1），把组对象"电机 1"的所有成员对应的当前值存盘一次。

(2) ! FileCopy (strSource, strTarget)

函数意义：将源文件 strSource 复制到目标文件 strTarget，若目标文件已存在，则将目标文件覆盖。

返回值：开关型，返回 0，操作不成功；返回非 0 值，操作成功。

参数：strSource，字符型，源文件；strTarget，字符型，目标文件。

实例：! FileCopy ("d:\a.txt","d:\b.txt")，将 D 盘下文件 a.txt 复制到 b.txt。

(3) ! FileDelete (strFilename)

函数意义：将 strFilename 指定的文件删除。

返回值：开关型，返回 0，操作不成功；返回非 0 值，操作成功。

参数：strFilename，字符型，将被删除的文件。

实例：! FileDelete ("d:\a.txt")，删除 D 盘下文件 a.txt。

(4) ! FileFindFirst (strFilename, objName, objSize, objAttrib)

函数意义：查找第一个名字为 strFilename 的文件或目录。

返回值：开关型，返回 –1，操作不成功；返回其他值：操作成功，返回值为一个句柄，该值为以后的查找提供根据。

参数：strFilename，字符型，要查找的文件的文件名（文件名中可以包含文件通配符：* 和?）。objAttrib，数值型对象名，函数调用成功后，保存查找结果的属性：若 objAttrib = 0，则查找结果为一个文件；若 objAttrib = 1，则查找结果为一个目录。objSize，数值型对象名，函数调用成功后，保存查找结果的大小。objname，字符型对象名，函数调用成功后，保存查找结果的名称。

实例：! FileFindFirst ("d:\a*.txt", Name, Size, Attrib)

实例说明：查找 D 盘下第一个名字为：a*.txt 的文件或目录，将查找结果的属性存入 Attrib 数值变量中，大小存入 Size 数值变量中，名字存入 Name 数值变量中。

五、练习

1) 完成"数据采集"界面制作与所有属性设置。
2) 完成"实时数据曲线"界面制作与所有属性设置。
3) 完成"历史数据查询"界面制作与所有属性设置。
4) 完成"历史数据曲线"界面制作与所有属性设置。

任务5　设备组态

一、教学目标

终极目标：掌握数据采集卡的组态方法。

促成目标：

1）掌握设备构件的使用。

2）掌握通道连接。

3）掌握工程数据前处理。

二、工作任务

1）完成 PCL_818L 板卡设备构件基本属性的组态。

2）完成通道的连接。

3）完成连接通道的数据处理。

三、能力训练

MCGS 为了实现监控、记录现场的情况，将每种采集板卡作为一个设备构件，挂在 MCGS 的设备窗口中，用来采集和处理现场信号和输出控制信号。PCL_818L 设备构件用于 MCGS 操作和读写接口卡的数据，使用本构件前，根据实际应用的需要来正确设置板卡的 I/O 基地址和特定的跳线。

本设备驱动为独立设备，不需要挂接在父设备下使用，应该直接添加在设备窗口中使用。

1. 设备构件的"基本属性"

PCL_818L 设备构件的"基本属性"页如图 3-66 所示。

1）最小采集周期（ms）：此属性为设备驱动采集接口的调用时间周期，其默认值为 1000，如果希望数值刷新频率快些，可以将此属性值改为 200。

2）IO 基地址（16 进制）：用 16 进制数表示，必须和板卡上 SW1 的跳线设置一致。

3）AD 重复采集次数：对 AD 通道进行采集时，重复采集的次数，以提高采集的精度和数据的稳定性，一般设为 15 比较合适。

4）AD 输入电压范围：对 AD 电压输入范围进行设定，必须和板卡上 JP12 的跳线设置一致，此属

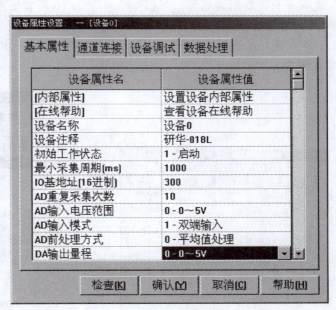

图 3-66　设备的"基本属性"

性值的选择对内部属性页内的各个通道 AD 转换范围有影响，如果选择"0～5V"，则内部属性页通道 AD 输入范围是 ±5V，±2.5V，±1.25V 和 ±0.625V。如果选择"0～10V"，则

内部属性页通道 AD 输入范围是 ±10V、±5V、±2.5V 和 ±1.25V。

5）AD 输入模式：设置 AD 输入模式是单端输入还是双端输入，必须和板卡上 SW2 的跳线设置一致。此属性值的选择可以影响内部属性页的可配置通道数。选择"单端输入"或"双端输入"，内部属性页中可配置通道个数分别是 16 个或 8 个。

6）AD 前处理方式：为提高采集精度而采取的措施，有平均值处理和最大最小值处理两种。平均值处理是把多次重复采集的数据进行平均值处理，作为本次的采集结果输入到 MCGS 中；最大最小值处理是把多次重复采集的数据先进行排序，然后取序列中间的 1/3 的数据平均值处理（即去掉序列中前 1/3 的最小值和去掉序列中后 1/3 的最大值），作为本次的采集结果输入到 MCGS 中。

7）DA 输出量程：设置 DA 量程为 0~5V 或 0~10V，此属性的设置应与硬件跳线设置一致。本系统没有 D-A 输出功能。

8）设置设备构件内部属性：PCL_818L 设备构件的内部属性页打开后如图 3-67 所示，根据基本属性"AD 输入模式"属性值选择的不同，内部属性页中可设置通道数分别是 16（双端输入）、8（单端输入）。每个通道可以单独设置 AD 通道的通道量程。此项设置不需要硬件做相关设置。

2. 通道连接

本设备构件共提供 52 个通道（如果选择双端输入，则 AD 通道数减半），通道 0~2 为计数器通道（只读数值型通道），其中"脉冲计数 0"通道通过 CN3 连接器的 18 号引脚可以给用户使用（驱动中此计数器默认以 Rate generator 模式工作）。后面两个计数器通道为板卡内部特定场合使用。通道 3 为 DA 输出通道（只写数值型通道），通道 4~11 为 8 路 AD 输入通道（只读数值型通道），通道 12~27 为 16 路数字量输入（皆为只读开关型通道），通道 28~43 为 16 路数字量输出（皆为只写开关型通道）。

本系统使用通道 4~7 作为模拟量信号输入端，分别与对应的数据对象连接起来。如图 3-68 所示。

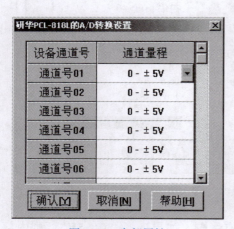

图 3-67 内部属性

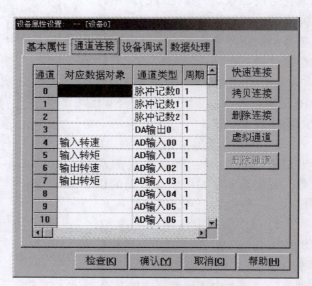

图 3-68 设备的通道连接

3. 设备调试

设备调试在"设备调试"属性页中进行，以检查和测试板卡是否正常工作，在进行调试前，要先把板卡的基地址和各种跳线设置正确，关闭计算机电源后，把板卡插入计算机插槽，有条件时，把外部的调试信号接好，观察"通道值"是否与外接电压相等。如图 3-69 所示。

4. 工程数据前处理

数据前处理就是将输入电压信号值转换为对应的工程值，在"数据处理"页中完成。下面以通道 4"输入转速"为例，说明"数据处理"的过程：

1) 选择"数据处理"选项卡，如图 3-70 所示。

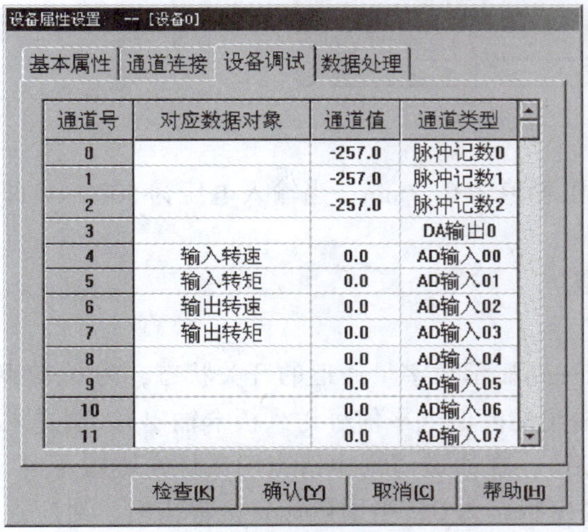

图 3-69　设备调试　　　　　　　　图 3-70　数据处理

2) 单击"设置"按钮，进入"通道处理设置"对话框，如图 3-71 所示。

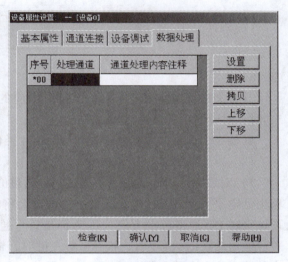

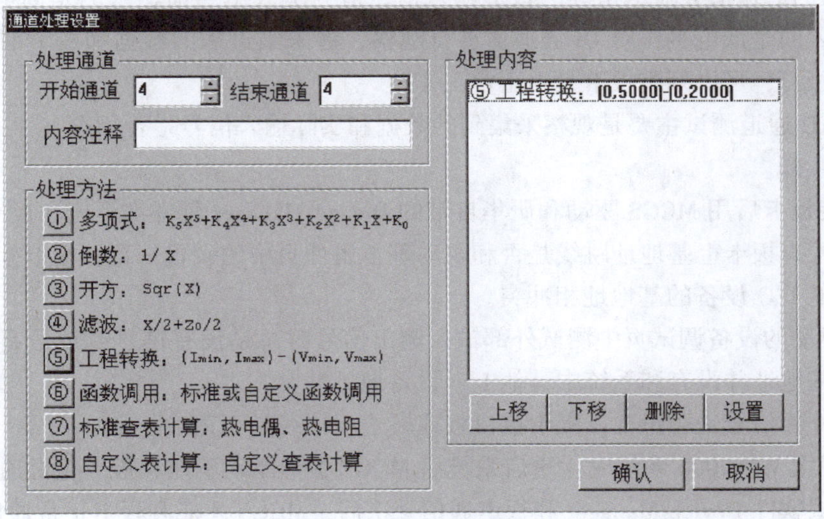

图 3-71　通道处理设置

将"处理通道"的"开始通道"和"结束通道"设为"4",单击"处理方法"中的"工程转换",弹出"工程量转换"对话框,修改"转换参数",如图3-72所示。

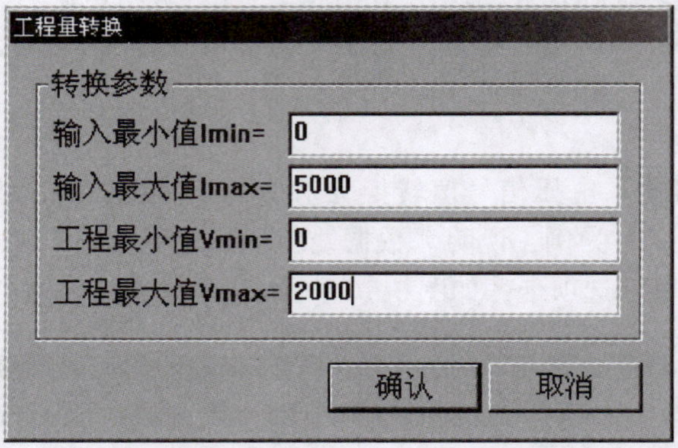

图3-72 工程量转换

其含义是:当输入电压为0mV时,对应的工程值为0 r/min;当输入电压为5000mV即5V时,对应的工程值为2000r/min。

其他三个通道的数据处理设置与通道4类似。

四、理论知识

1)对数字量输出通道进行调试时,通道值一列显示数字量通道的开关状态,为0表示输出低电平,为1表示输出高电平(驱动会将输出的高低电平信号送入板卡输出)。刚进入调试页时DO通道都没有值(因为都是只写通道),在通道值列中,当用鼠标左键按下时,对应通道的输出状态为1,松开鼠标左键时,输出状态为0;当用鼠标右键单击时,对应通道的输出状态交替变化(从0变为1或从1变成0)。

2)在对数字量输入通道进行调试时,在板卡指定通道输入对应高(或低)TTL电平,对应DI通道的通道值会显示正确的板卡输入值,值为1表示当前输入的是高电平,值为0表示当前输入的是低电平,对DI通道值进行观察,看采集进来的数据和板卡的实际信号输入情况是否相符,可以判断板卡是否正常工作。

3)对AD通道测试主要是观察采集到的数据和实际输入信号是否相符。

五、拓展知识

1)安装板卡后用MCGS驱动和研华自带的Device Manager软件都不能和板卡通信。

分析:检查板卡上基地址跳线是否和驱动基本属性页中的设置一致,板卡基地址是否和计算机内其他I/O设备的基地址相冲突。

2)在驱动的设备调试页中测试外部输入输出信号时总是没有信号或信号有误。但是可以确认板卡基地址并没有和系统中其他I/O设备地址冲突。

分析:外部信号是否正常,板卡接口板或端子板接线是否正确。

3)在使用WIN2000系统时,重启系统后MCGS板卡驱动不能和板卡正常通信,必须先运行研华测试软件Device Manager和板卡通信一次后,MCGS才能和板卡正常通信。

分析:运行研华测试软件"Device Manager",单击"Remove"按钮从Device Manager

软件内卸载已经安装的板卡，退出"Device Manager"，重新启动 WIN2000，运行 MCGS，问题即可解决。

六、练习

1）完成 PCL_818L 板卡设备构件基本属性的组态、通道的连接以及连接通道的数据处理。

2）接通输入信号并进行调节，记录数据，观察报表与曲线是否符合设计要求。

模块四
水塔供水的变频控制

一、教学目标

终极目标：通过一个完整的上位机组态软件、下位机 PLC 驱动变频器的以太网通信控制综合使用的设计，掌握对 MCGS 组态软件、COMPACTLOGIX PLC、PowerFlex40 变频器的网络控制的综合设计应用。

促成目标：

1）熟练使用 MCGS 软件设计美观实用的控制界面，重点练习通过 OPC 驱动设备与 COMPACTLOGIX PLC 实现通信。

2）会使用 COMPACTLOGIX PLC 进行程序设计，并进行与上位机 MCGS 组态软件及 PowerFlex40 的通信设置。

3）对 PowerFlex40 变频器进行参数设定并配置以太网通信。

4）对系统进行调试，连接变频器与电动机调试，并实现以太网通信控制。

二、工作任务

完成图 4-1 所示的水塔供水的变频控制系统，系统要求采用变频器控制水泵的频率，用 PLC 实现系统的控制要求，用组态软件实现上位机的监控及数据采集。

1. 系统的组成

1）系统由四部分构成：水塔（高度是 6m，在本项目中采用厘米做单位，即 600cm）、电磁阀、水泵及变频器，如图 4-1 所示。

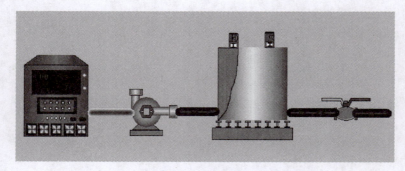

图 4-1 水塔供水的变频控制系统组成

2）系统的工作原理。水塔进行水的存储，通过电磁阀的打开或关闭来控制是否对外供水，水泵通过 PLC 算法控制变频器对水塔变频补水。

2. 控制要求

1）电磁阀的控制要求：当水塔水位大于 100cm 时，电磁阀打开；当水塔水位小于

100cm 时，电磁阀关断。

2) 水泵的变频控制要求：当水塔水位小于 200cm 时，水泵的控制频率为 50Hz；当水塔水位大于 200cm 小于 300cm 时，水泵的控制频率为 40Hz；当水塔水位大于 300cm 小于 400cm 时，水泵的控制频率为 30Hz；当水塔的水位大于 400cm 小于 500cm 时，水泵的控制频率为 20Hz；当水塔水位大于 500cm 时，水泵的控制频率为 0Hz。

3. 工程步骤

主要分四个模块：

1) 上位机组态控制界面的设计。
2) PLC 程序的编辑。
3) 变频器的设置。
4) 系统的调试。

任务 1　上位机界面设计

一、教学目标

终极目标：熟练使用 MCGS 设计控制界面并进行调试。

促成目标：（阶段性目标）

1) 用 MCGS 设计控制界面。
2) 进行模拟调试。

二、工作任务

1) 控制界面的设计。
2) 程序的调试。

三、能力训练

（一）工程分析

1. 界面的设计分析

在该系统中，组态软件实现的上位机控制主要实现三个目的：

1) 系统运行情况的动态模拟。本系统中主要模拟四个部件即水泵、变频器、水塔、出水阀的运行状况。水泵、出水阀采用颜色的变化方法来表示其开和关，水塔采用液位变化的方法，变频器采用显示频率的方法来表示其运行状况。水塔、水泵、出水阀之间的水位流动采用流动块来表示。

2) 系统的启动和停止的控制及系统运行的危险报警。系统中启动和停止信号用按钮控件来实现，报警功能主要对水塔液位的高度进行控制，液位超过或低于一定的限定，系统报警。上位机界面中关于报警部分主要有输入框输入水位上下限参量，用报警显示工具条及报警灯来进行报警提示，同时在数据库里保存报警的相关信息。

3) 系统重要参数的显示及数据保存。本系统中主要的参数是水泵的运行频率和水塔的液位高度，采用标签进行动态显示，同时把这两个参数的分时数据用数据组的方式存入数据库，便于日后查询。

2. 参数的分析

实现本系统的上位机控制功能，至少需要设置 9 个参量，具体见表 4-1。

表 4-1　参数的设置

参量名称	数据类型	输入输出类型	用途
液位	数值型	输入（来自 PLC）	表征水塔的液位高度
水泵运行频率	数值型	输入（来自 PLC）	表征水泵的运行频率
水泵起动	开关量	输出（传给 PLC）	控制起动水泵
液位上限	数值型	输出（传给 PLC）	液位上限的限制
液位下限	数值型	输出（传给 PLC）	液位下限的限制
水泵运行状态	开关量	输入（来自 PLC）	表征水泵的开停状态
出水阀运行状态	开关量	输入（来自 PLC）	表征出水阀的开停状态
水泵停止	开关量	输出（传给 PLC）	控制停止水泵
查询数据	组对象	中间变量（用于数据查询）	包括液位和水泵运行频率两个参量用数据的查询

3. 下位机通信的分析

本系统上位机（PC）与下位机（PLC）之间通过以太网连接。PLC 采用美国罗克韦尔公司的 COMPACTLOGIX PLC，PLC 带有以太网通信模块。上位机组态软件部分需要配置 OPC 设备实现与 PLC 的通信。上位机作为 OPC 设备的客户端，PLC 作为 OPC 的服务器端进行通信。

（二）具体操作

1. 工程数据库的定义

1）开关量型数据定义。在工作台状态下，单击"实时数据库"，弹出实时数据库设置页；单击"新增对象"按钮产生一个新的数据对象，双击新产生的数据对象，弹出"数据对象属性设置"页，"基本属性"中"对象名称"为水泵起动；"对象类型"选为开关。同理定义出水泵停止、水泵运行状态、出水阀运行状态等共四个开关型参数，如图 4-2 所示。

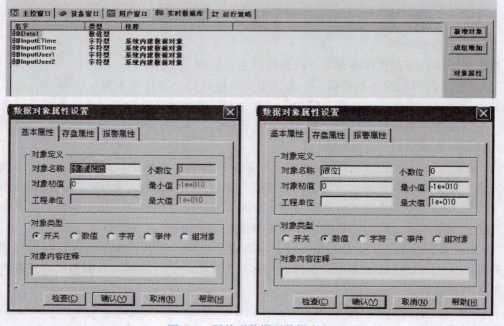

图 4-2　开关型数据型数据定义

2）数值型数据定义。在工作台状态下，单击"实时数据库"，弹出实时数据库设置页；单击"新增对象"按钮产生一个新的数据对象，双击新产生的数据对象，弹出"数据对象属性设置"页，"基本属性"中"对象名称"为液位；"对象初值"为0；"小数位"为0；"对象类型"选择数值。如图4-2所示。同理定义水泵运行频率、液位上限、液位下限三个数值型参数。

3）组对象型数据定义。在工作台状态下，单击"实时数据库"，弹出实时数据库设置页；单击"新增对象"按钮产生一个新的数据对象，双击新产生的数据对象，弹出"数据对象属性设置"页，"基本属性"中"对象名称"输入"查询数据"；"对象类型"选择"组对象"。单击"组对象成员"，弹出"组对象成员"设置页，在左边"数据对象列表"中选中液位参数，单击"增加"按钮，将液位参数加入右边"组对象成员列表"中，同理将水泵运行频率加入到"组对象成员列表"中，如图4-3所示。

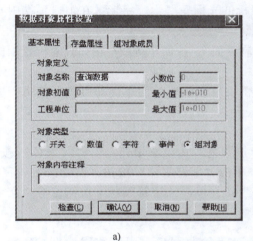
a)

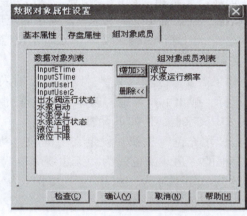
b)

图4-3　数组型数据定义

2. 控制界面制作

1）建立窗口，如图4-4所示。

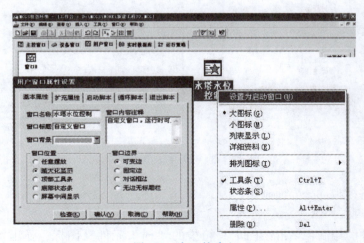

图4-4　窗口的建立

① 在"用户窗口"中单击"新建窗口"按钮,建立"窗口0"。
② 选中"窗口0",单击"窗口属性",进入"用户窗口属性设置"。
③ 将"窗口名称"设置为"水塔水位控制";"窗口标题"设为"水塔水位控制";"窗口位置"选中"最大化显示",其他不变,单击"确认"。
④ 在"用户窗口"中,选中"变频控制",右击鼠标,选择下拉菜单中的"设置为启动窗口"选项,将该窗口设置为运行时自动加载的窗口。
⑤ 选中"水塔水位控制"窗口图标,单击"动画组态",进入动画组态窗口,开始编辑画面。

2) 制作文字框图,如图4-5所示。

① 单击工具条中的"工具箱"按钮,打开绘图工具箱。
② 选择"工具箱"内的"标签"按钮,鼠标的光标呈"十"字形,在窗口顶端中心位置拖拽鼠标,根据需要拉出一个一定大小的矩形。
③ 在光标闪烁位置输入文字"水塔水位控制界面",按回车键或在窗口任意位置用鼠标单击,文字输入完毕。
④ 如果需要修改输入文字,则单击已输入的文字,然后敲回车键即可进行编辑,也可以右击鼠标,弹出下拉菜单,选择"改字符"。
⑤ 选中文字框,作如下设置:

单击"填充色"按钮,设定文字框的"背景颜色"为没有填充;单击"线色"按钮,设置文字框的"边线颜色"为"无边线颜色"。单击"字符字体"按钮,设置文字"字体"为"宋体";"字型"为"粗体";"大小"为"26";单击"字符颜色"按钮,将"文字颜色"设为"蓝色"。

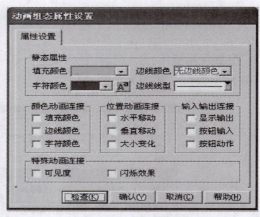

a)　　　　　　　　　　　　　　　　b)

图4-5　文字框的制作

3) 系统动态模拟部分界面制作。

① 构件的选取

a) 水塔构件的绘制:单击绘图工具箱中的"插入元件"图标,弹出"对象元件库管理"对话框,如图4-6所示。双击窗口左侧"对象元件列表"中的"储藏罐",展开该列表项,单击"罐17"与"确定"按钮。画面窗口中出现反应器的图形。在反应器被选中的情况下,调整位置和大小。单击"保存"按钮。

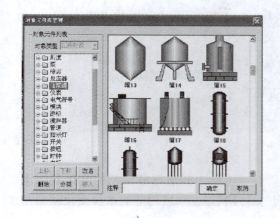 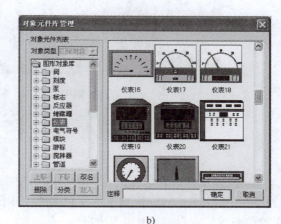

a) b)

图4-6 水塔构件选择

b)画其他的构件。利用"插入元件"工具,分别画出水泵:对象元件列表"泵40",变频器:对象元件列表"仪表19",出水阀:对象元件列表"阀44",将大小和位置调整好。

c)选中工具箱内的"流动块"动画构件,鼠标的光标呈"十"字形,移动鼠标至窗口的预定位置,按下鼠标左键,移动鼠标,在鼠标光标后形成一道虚线,拖动一定距离后,单击鼠标,生成一段流动块。再拖动鼠标(可沿原来方向,也可垂直于原来方向),生成下一段流动块。把水泵、变频器、水塔、出水阀用流动块连接起来。改变变频器与水泵之间的流动块属性:"边线颜色"设为无,"流动块颜色"设为蓝色,如图4-7所示。

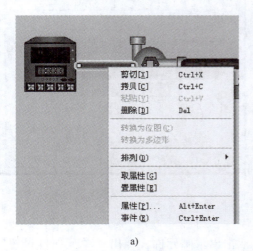 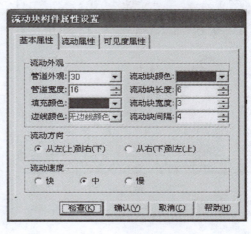

a) b)

图4-7 流动块的设置

② 名称标识。用工具箱里的"标签"工具条,分别在四个元件下面标识变频器、水泵、水塔、出水阀,如图4-8所示。

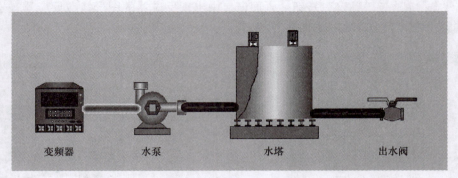

图 4-8 动画界面显示

③ 模拟动画设置。控制系统的动画模拟主要有：水泵中间矩形框颜色的变化表明水泵的开停状态、出水阀旋钮颜色的变化表明出水阀的开停状态、水塔内部的水位变化动画及水流的动态模拟。具体操作步骤如下：

a）水泵的开停动画设置。双击水泵元件，弹出"单元属性设置"对话框，点选"动画连接"，弹出动画连接对话页，选中"矩形"，单击">"按钮，进入填充颜色设置对话页，作如下设置：

"分段点"0的"对应颜色"设置为"红色"，"表达式"设为"水泵运行状态"；"分段点"1的"对应颜色"设为"绿色"，"表达式"设为"水泵运行状态"。如图 4-9 所示。

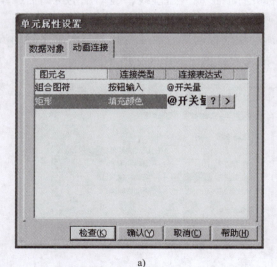
a)

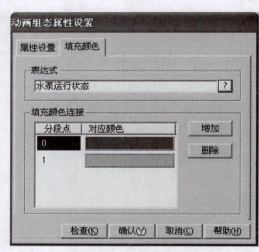
b)

图 4-9 水泵动画设置

b）出水阀动画设置。与图 4-9 所示类似。双击出水阀元件，弹出"单元属性设置"对话框，点选"动画连接"，弹出动画连接对话页，选中第一个"折线"选项，点击">"按钮，进入填充颜色设置对话页，表达式：出水阀运行状态；当表达式非零时：点选对应图符可见；选中第二个"折线"选项，点击">"按钮，进入填充颜色设置对话页，表达式设为"出水阀运行状态"；当表达式非零时点选"对应图符不可见"。

c）水塔动画设置。双击水罐构件，弹出"单元属性设置"对话框，点选"动画连接"，弹出"动画连接"对话页，选中"折线"选项，点击">"按钮，进入"动画组态属性设置"对话框，"表达式"设为"液位"；"最小变化百分比"设为"0"，"表达式的值"设为"0"；"最大变化百分比"设为"100"，"表达式的值"设为"600"；"变化方向"设为"向上"；"变化方式"设为"剪切"。如图 4-10 所示。

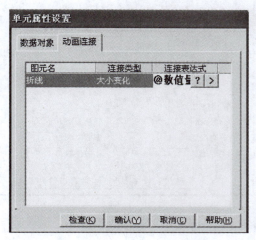　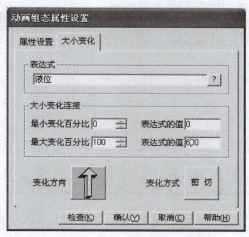

a）　　　　　　　　　　　　　　　　　b）

图 4-10　水塔动画设置

d）流动块动画设置。如图 4-11 所示。双击水泵和水塔之间的流动块，打开"流动块构件属性设置"页，"表达式"设为"水泵运行状态"；"当表达式非零时"设为"流块开始流动"（图 4-11b）。"基本属性"页如图 4-11a 所示。同样设置水塔和出水阀之间的流动块。"表达式"设为"出水阀运行状态"。

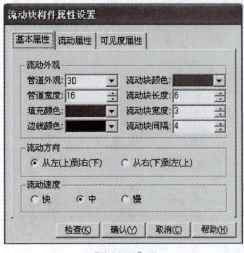　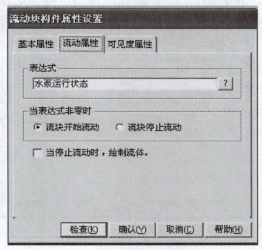

a）"基本属性"页　　　　　　　　　b）"流动属性"页

图 4-11　流动块动画设置

e) 变频器动画设置。双击变频器构件,弹出"单元属性设置"对话框,单击"动画连接"选中"标签",双击">"按钮,进入"显示输出"组态属性设置页面,具体设置如图 4-12 所示。

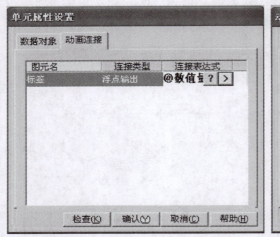 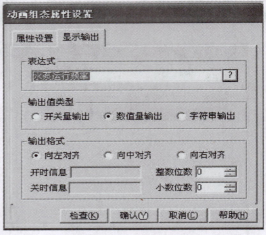

　　　　　　　　a)　　　　　　　　　　　　　　　　　　b)

图 4-12　变频器动画设置

4）输入参数部分设置

① 标签标出。选中两个"标签"工具,分别标注"控制输入""参数设置"。

② 按钮设置。单击工具箱"按钮"工具条,画出一个大小合适的按钮。双击按钮,弹出"标准按钮构件属性设置"页,单击"基本属性",进行图 4-13a 所示设置。再单击"操作属性"进行设置,如图 4-13b 所示。

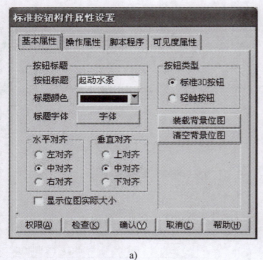 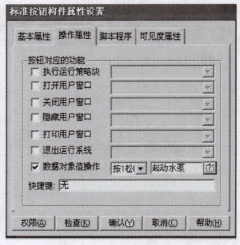

　　　　　　　　a)　　　　　　　　　　　　　　　　　　b)

图 4-13　按钮设置

③ 水位上下限的输入。选中工具箱中的"标签"工具,在界面上画三个标签,分别输

入"水塔水位""液位上限"和"液位下限";选中工具箱"输入框"工具条,在界面上画出两个大小适宜的输入框。双击第一个输入框,弹出"输入框属性设置"页面,选中"操作属性",设置操作属性,将"对应数据对象名称"设为"水位上限";"数值输入的取值范围"设为最小值为0,最大值为600;同理设置第二输入框为"水位下限";"数值输入的取值范围"设为最小值为9,最大值为600。

④ 使用凹槽线。单击工具箱中的常用图符,弹出常用图符工具箱,单击"凹槽平面"工具(图4-14a),在控制区划出平面,选中凹槽平面右击鼠标,选择"置后"命令。最终效果图如图4-14b所示。

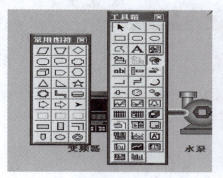
a) 常用图符工具箱

b) 参数输入效果图

图 4-14

5) 参数显示

① 选中工具箱中的"标签"工具,在界面上画六个大小适宜的标签。

② 用鼠标点中第一和第三个标签,单击回车键进入文字输入状态,分别输入"水泵频率"和"Hz"字样,单击标签外部退出编辑状态,再次选中一、三文字标签,右击鼠标,弹出选择菜单,选择"属性"命令,弹出"属性设置"对话页,把"边线颜色"设置成无边线颜色。同理把四、六标签分别输入"水塔水位"和"cm"字样。

③ 选中第三个标签,右击鼠标进入属性编辑页面,如图4-15所示。点选输入输出连接

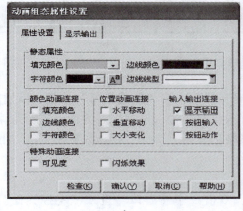
a)

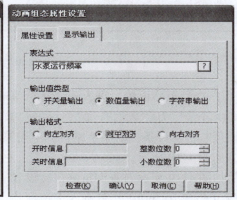
b)

图 4-15 输出标签设置

条目的"显示输出",此时弹出"显示输出"标签,单击该标签,进入显示设置页,"表达式"设为"水泵运行频率";"输出值类型"设为"数值量输出";"输出格式"设为"向中对齐"。同理,把第五个标签设置成"水位"的输出显示。最终效果如图4-16所示。

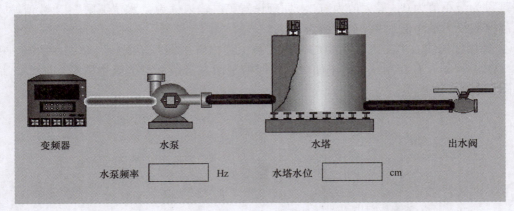

图4-16 参数显示效果图

6)表格显示

① 液位组数据的存盘属性设置如图4-17所示。回到"实时数据库"界面,双击"查询数据"组对象,弹出"数据对象属性设置"页面,设置存盘属性。

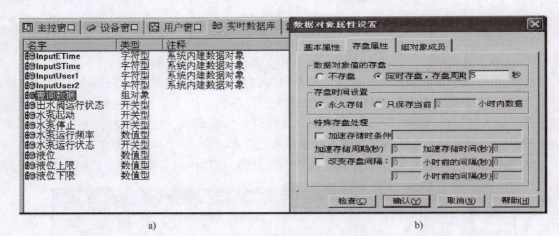

图4-17 液位组数据的存盘属性设置

② 用户查询策略设置。进入到"运行策略"界面,按"新建策略"按钮,新建用户策略,"属性名称"为"数据查询"。双击"数据查询"进入策略组态界面,进行策略组态。点开新增策略行工具条,新添策略行,单击策略工具箱,选择"存盘数据浏览",加入到策略行中,如图4-18所示。

然后如图4-19所示对查询策略进行设置。

③ 菜单设置。回到工作台进入主控窗口,双击"主控窗口"进入"主控界面",选中"系统管理",右击鼠标,选择"新增菜单项"。然后对新增菜单项进行设置。按图4-20、图4-21所示进行操作。

模块四　水塔供水的变频控制

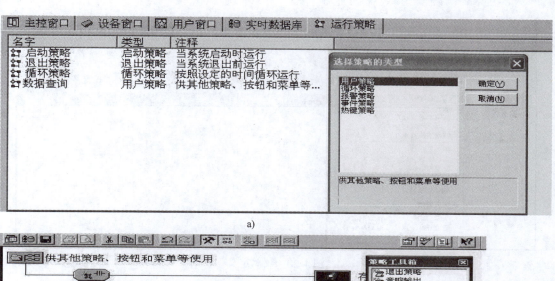

图 4-18　用户查询策略定义

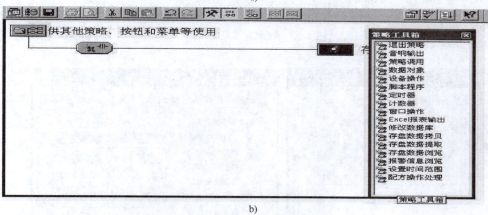

图 4-19　用户策略设置

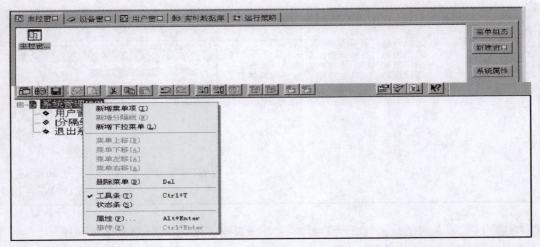

图 4-20 菜单定义

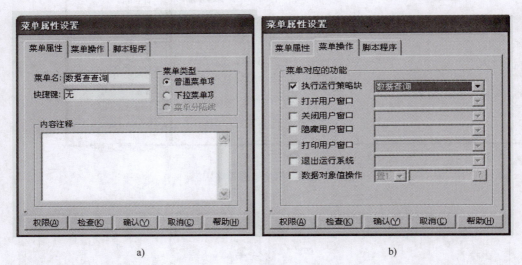

图 4-21 菜单设置

单击"运行"后，进入运行状态，单击"数据查询"菜单，弹出数据查询表格，如图 4-22 所示。

图 4-22 表格数据显示效果

7）报警设置

① 水位报警的指示灯显示。选中工具箱的"插入元件"工具，选择"指示灯1"构件。双击"指示灯构件"进入"单元属性设置"对话框，单击"动画连接"，选中"组合图符"，单击">"按钮，进入"填充颜色"对话设置页，选中分段点0，选择"对应颜色"为"红色"，"表达式"为"液位 > 液位上限 and 液位 < 液位下限"；选中分段点1，选择"对应颜色"为"绿色"，"表达式"为"液位 < 液位上限 and 液位 > 液位下限"。如图4-23所示。

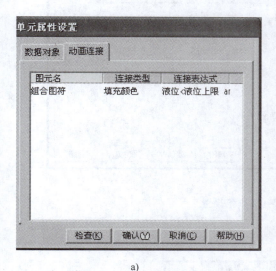
a)

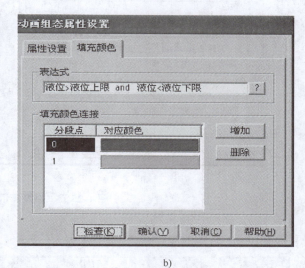
b)

图 4-23　报警指示灯定义

② 报警显示设置

a）设置参数的报警功能。在实时数据库中，双击"液位数据"，进行图4-24所示的属性设置。

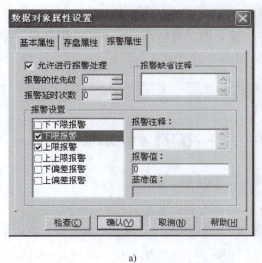
a)

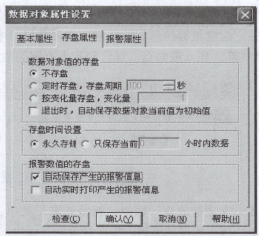
b)

图 4-24　参数报警设置

b）在用户界面中，选择工具箱的"报警显示"工具条，在界面上画一个大小适宜的矩形，然后进行属性设置，如图 4-25 所示。

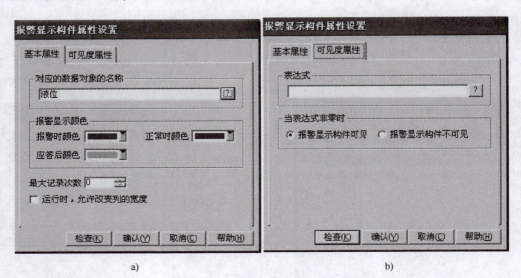

图 4-25 "报警显示"工具条设置

报警灯及报警显示界面如图 4-26 所示。

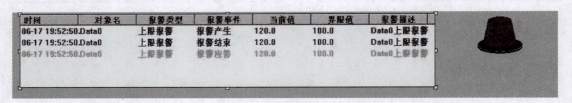

图 4-26 报警显示界面

③ 报警信息浏览

a）设置报警信息浏览策略。在策略界面中，建立用户策略行，在工具箱中找到"报警信息浏览"加入策略行，操作和数据查询类似。如图 4-27 所示。

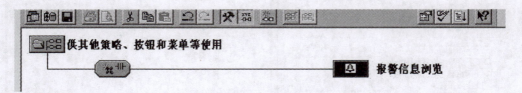

图 4-27 增加报警信息浏览策略

b）在主控界面，添加"报警查询"菜单，设置类似数据查询。如图 4-28 所示。

8）脚本程序的编辑。在运行策略界面中，双击"循环策略"，建立一策略行，选中策略工具箱里的"脚本程序"。同时设置策略行属性，"循环时间"改为 200，如图 4-29 所示。

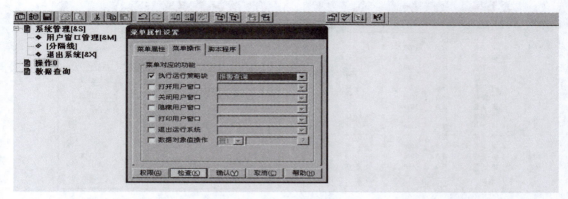

图 4-28 报警查询菜单的设置

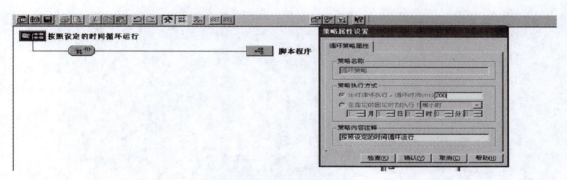

图 4-29 运行策略定义

双击"脚本程序",进行脚本程序编辑,输入图 4-30 所示的程序。

图 4-30 脚本程序

程序的主要功能为把液位上限、液位下限的输入值赋给液位参量的上、下限属性值。

3. 模拟运行调试

1)在"设备窗口"设置模拟设备来模拟产生液位、水泵运行频率的值。双击"设备窗口",进入设备组态状态,选择"设备管理"中的"模拟设备",然后进行参数设置,如图 4-31 所示。

2)模拟运行状态下的控制界面和表格查询如图 4-32、图 4-33 所示。

四、理论知识

1. 组态控制软件在现代生产设备控制系统中的主要功能

现代生产设备的控制已经进入网络化时代,主流控制系统采用 DCS(集散式控制系统)

a)

b)

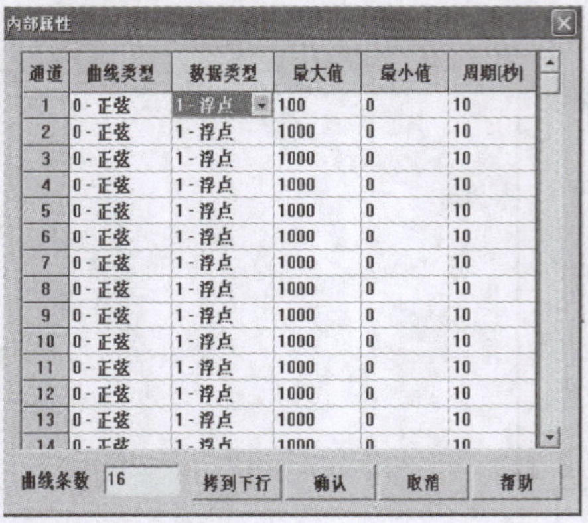

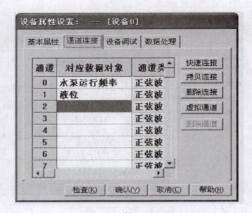

图 4-31 模拟设备设置

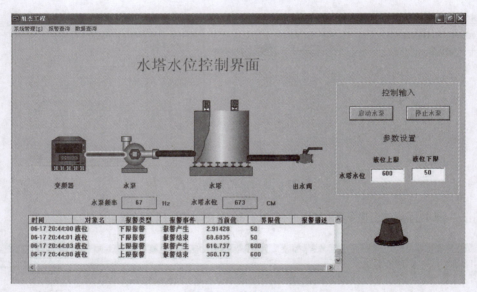

图 4-32 控制界面

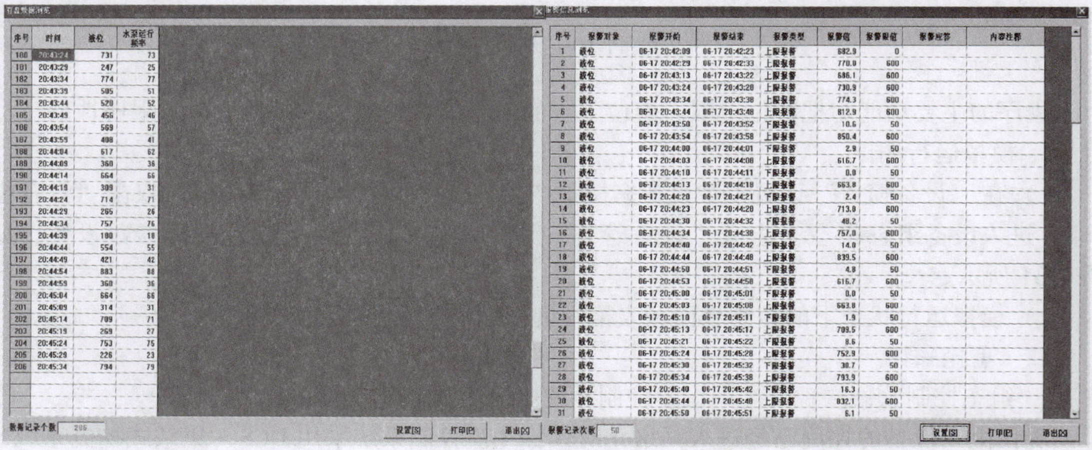

图 4-33 表格查询

或 FCS（现场总线控制系统）。各单个的生产设备自身带有自己的控制系统，同时各单个的控制系统又互相连接，共同组成现场级的工业网络，并和工厂的上层管理网络实现信息资源共享，给企业的大型管理系统 CRM 或 ERP 提供现场级的数据。因此组态控制软件从最初的直接通过采集卡进行设备的运行控制功能向数据的采集处理、网络管理等功能转变：

1）监视功能。组态软件监视各设备的运行状态并进行应急的报警及相关处理仍然是组态软件重要的功能。

2）参数的输入。各设备的常用参数的输入及系统总的启动和停止功能。

3）设备的管理及数据采集处理。管理各单个的生产设备并收集处理关键的数据已经成为组态软件最重要的功能。

2. PC、PLC、智能仪表（单片机控制系统）构成的现代设备控制系统

现代生产设备的控制系统由 PC、PLC、智能仪表构成三层的现场网络系统：在各系统中 PC（组态软件）负责管理及数据收集管理功能；PLC 负责单个设备的运行控制功能；智能仪表对单个设备的各组成部件进行分别控制。

任务 2　　PLC 软件的设计

一、教学目标

掌握 COMPACTLOGIX PLC 的基本设计方法，掌握 AB PLC 的梯形图的基本编辑方法、掌握 AB OPC 服务器的配置、掌握 PLC 工业以太网的配置方法及通过以太网实现与变频器的通信。

二、工作任务

1）定义需要与上位机组态软件及变频器通信的输入、输出变量。
2）编制梯形图实现水位控制的算法。

三、能力训练

（一）PLC 设计的分析

PLC 程序设计的思路一般分三步：首先，了解系统对 PLC 的控制要求；其次，根据系统控制的要求及系统通信的需要确定需要的输入、输出变量；最后，把控制要求转化为 PLC 程序实现输入、输出的需要。

1. PLC 控制要求分析

1）系统总的控制要求

① 电磁阀的控制要求：当水塔水位大于 100cm 时，电磁阀打开；当水塔水位小于 100cm 时，电磁阀关断。

② 水泵的变频控制要求：当水塔水位小于 200cm 时，水泵的控制频率为 50Hz；当水塔水位大于 200cm 小于 300cm 时，水泵的控制频率为 40Hz；当水塔水位大于 300cm 小于 400cm 时，水泵的控制频率为 30Hz；当水塔的水位大于 400cm 小于 500cm 时，水泵的控制频率为 20Hz；当水塔水位大于 500cm 时，水泵的控制频率为 0Hz。

2）通信的控制要求

① 与上位机之间进行通信。主要需要与组态软件通信的参数有：

液位、水泵运行频率、液位上限、液位下限、水泵起动、水泵停止、水泵运行状态、出水阀运行状态。

② 与变频器之间的通信。主要需要通信的参数有：变频器起动、变频器停止、变频器运行频率。

2. 输入、输出参数的分析及定义（见表4-2）

表4-2 PLC定义的参数

变量名称	类型	性质	通信对象	对应的参量
Water	INT	输入	组态软件	液位
Start	BOOL	输入	组态软件	水泵起动
Stop	BOOL	输入	组态软件	水泵停止
VALVE	BOOL	输出	组态软件	水泵运行状态
BUMP	BOOL	输出	组态软件	出水阀运行状态
Hz	DINT	输出	组态软件	水泵运行频率
WATERUP	INT	输入	组态软件	液位上限
WATERDOWN	INT	输入	组态软件	液位下限
Water.O.Data[0].0	AB：ETHERNET_MODULE：C：0	输出	变频器	变频器开
Water.O.Data[0].1	AB：ETHERNET_MODULE：C：0	输出	变频器	变频器关
Water.O.Data[1]	AB：ETHERNET_MODULE：C：0	输出	变频器	运行频率

（二）RSLOGIX5000软件的操作

1. 变量的定义

双击RSLOGIX5000软件，进入软件设计界面，把文件另存为"watercontrol"文件。打开"Controller watercontrol"文件夹，双击"Conroller Tags"，打开控制器范围的变量定义界面，单击下部的Edit Tags标签做如图4-34所示的变量定义。

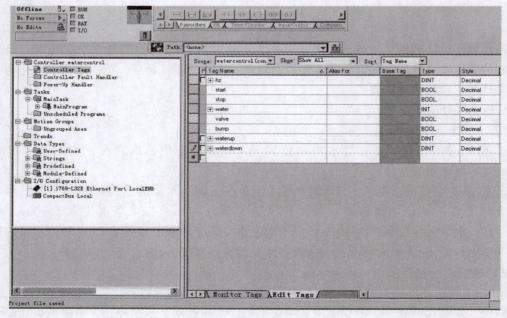

图4-34 PLC参数的定义

2. 与变频器通信的以太网模块的设置

打开 "I/O Configuration" 文件夹，选中 "1769-L32E Ethernet Port LocalENB"，右击鼠标弹出选择菜单，单击 "New Module" 命令，弹出 "模块选择" 界面，选择 "ETHERNET-MODULE" 模块，如图 4-35 所示。对以太网模块进行设置，同时再回到 "Conroller Tags" 界面，系统自动产生 3 个以太网参量，如图 4-36 所示。

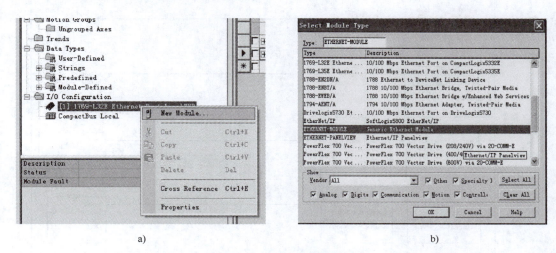

图 4-35 以太网模块的配置

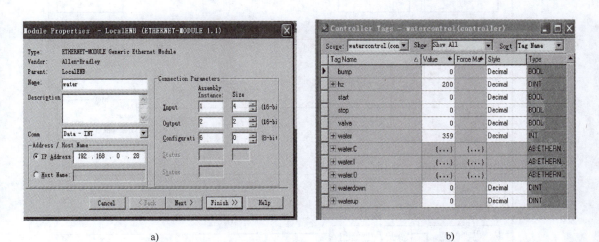

图 4-36 以太网模块参数

3. 控制程序的实现

打开 TASK 文件夹，出现 "MAINROUTINE"，双击鼠标进入梯形图编辑状态，梯形图如图 4-37 所示。

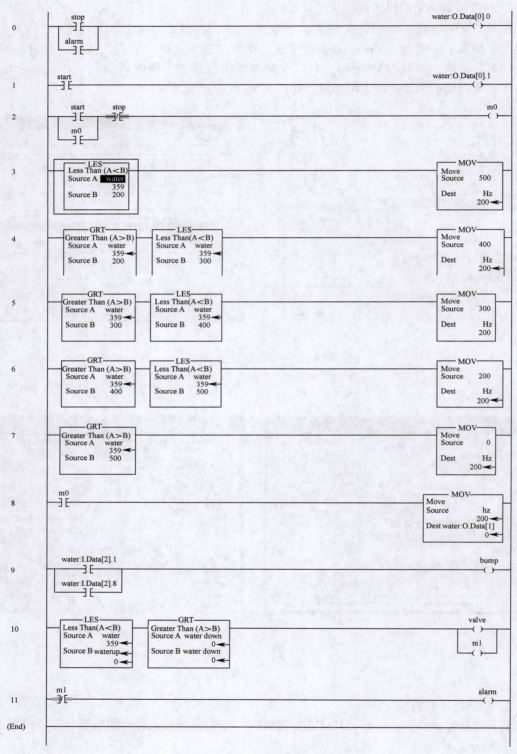

图 4-37 项目梯形图程序

四、理论知识

COMPACTLOGIX PLC 简单介绍。

本项目所选用的 PLC 平台是美国罗克韦尔公司的最新小型 PLC COMPACTLOGIX。

1. PLC 的形状

COMPACTLOGIX PLC 的外形如图4-38所示。

2. PLC 的特点

1）采用模块式结构

① I/O 能够扩展到 8 个 COMPACT I/O 模块。

② 不需要机架。

③ DIN 导轨或者面板直接安装。

2）网络通信能力强大

图 4-38　COMPACTLOGIX PLC 外形

可选网络通信 DH-485、DeviceNet 和 EtherNet/IP 等。

内置 RS-232 端口，支持如下方式：DF1 Full Duplex/Master/Slave、DH-485、ASCII。

任务3　变频器的参数设置

一、教学目标

掌握变频器的连线与参数设置，掌握 PowerFlex40 变频器的基本使用方法及 PowerFlex40 变频器与 PLC 之间的工业以太网通信。

二、工作任务

1）连接好变频器的动力和控制线路。

2）配置好变频器的参数。

三、能力训练

1. 变频器的选型要求

1）变频器与 PLC 之间的通信采用以太网通信接口。

2）变频器与水泵之间的配合主要依据额定相电流。

2. 对变频器进行选型

本套水位控制系统采用万达自吸泵，其额定参数和对应选择的 PowerFlex40 的型号及参数见表 4-3。

表 4-3　变频器选型

名　称	类型名称	电压类型/V	额定相电流/A	额定功率/W
水泵	万达自吸泵 GP125	380 三相	1.2	220
变频器	22B-D1P4N104	480 三相	1.4	370

其主要的配合参数为额定相电流，要求变频器的相电流略大于水泵相电流。

3. PowerFlex40 变频器主要的命名原则

PowerFlex40 变频器主要的命名原则如图 4-39 所示。

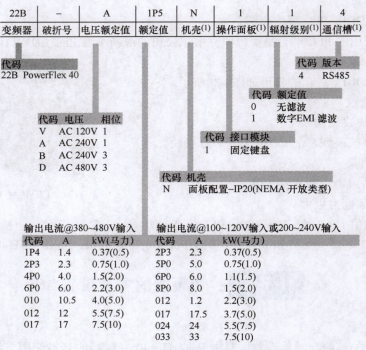

图 4-39 PowerFlex40 变频器命名原则

4. 变频器接线

变频器与电动机接线如图 4-40 所示。

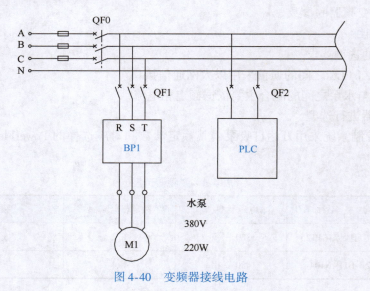

图 4-40 变频器接线电路

5. 变频器的设置

1) 变频器的数字显示界面及说明如图 4-41 所示，变频器的状态显示及说明见表 4-4，变频器的键位名称及功能见表 4-5。

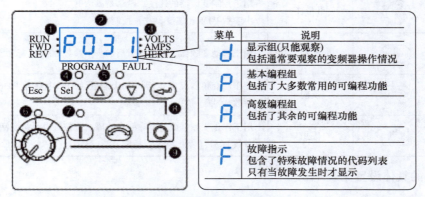

图 4-41 变频器的数字显示界面及说明

表 4-4 变频器的状态显示及说明

编号	LED	LED 状态	说　　明
❶	运行/方向状态	稳定红色	指明变频器正在运行及电动机运行方向
		闪烁红色	变频器被命令改变方向，当减速到零时指明实际电动机方向
❷	数字显示	稳定红色	表明参数编号，参数值，或者故障代码
		闪烁红色	单一的数字量闪烁指明数字可以被编辑。所有的数字量闪烁指明处于故障情况
❸	显示单位	稳定红色	指明显示的参数值单位
❹	编程状态	稳定红色	指明参数值可以被改变
❺	故障状态	闪烁红色	指明变频器出现故障
❻	电位计状态	稳定绿色	指明数字键盘上的电位计动作
❼	起动键状态	稳定绿色	指明数字键盘上的起动键动作。除非参数 A095［禁止反向］被设为禁止，否则反向键可以动作

表 4-5 变频器的键位名称及功能

编号	键	名　称	功　　能
❽	Esc	退出	在编程菜单中后退一步，取消一次参数变化并且退出编程模式
	Sel	选择	在编程菜单中前进一步，查看参数值时选择一个数字
	△ ▽	上箭头 下箭头	改变组数和参数值 增加/减少一个闪烁的数字值
	↵	进入	在编程菜单中前进一步，保存一个参数值的变化

（续）

编号	键	名称	功能
❾		电位计	用于控制变频器的速度。默认是激活的。由参数 P038［速度参数］控制
		起动	用于起动变频器。默认是激活的。由参数 P036［起动源］控制
		反向	用于使变频器反向运行。默认是激活的。由参数 P036［开始源］和参数 A095［禁止反向］控制
		停止	用于停止变频器或者清除一个故障。此按键总是被激活的。由参数 P037［停止模式］控制

2）参数的具体设置见表4-6。

表4-6 变频器参数的具体设置

步骤	按键	实例显示
1）上电时，最后一次用户选择的显示组参数编号短暂地闪烁显示，然后显示默认成该参数的当前值（例中变频器停止时显示值为 d001［输出频率］）		0.0
2）按一次 Esc 键显示上电时的显示组参数编号，参数编号将会闪烁	Esc	d001
3）再次按 Esc 键进入组菜单，组菜单字母将会闪烁	Esc	d001
4）按上、下键改变组菜单（d, P 和 A）	△ 或 ▽	
5）按 Enter 或 Sel 键进入某组，该组中上次查看时的参数数字将会闪烁	⏎ 或 Sel	P031
6）按上、下键改变该组中的参数值	△ 或 ▽	
7）按 Enter 或 Sel 键查看参数值，如果用户不想编辑参数值，按 Esc 键返回参数编号	⏎ 或 Sel	230

(续)

步骤	按　键	实例显示
8）按 Enter 或 Sel 键进入编程模式编辑参数值 如果参数可以编辑，则数字将会闪烁并且指示编程状态的 LED 灯发光	⏎ 或 Sel	230 VOLTS AMPS HERTZ　PROGRAM FAULT
9）按上、下键改变参数值 如果需要，按 Sel 键在数字间或者位之间移动。要改变的数字或者位将会闪烁	△ 或 ▽	
10）按 Esc 键取消改变 数字将停止闪烁，以前的值被恢复并且指示编程状态的 LED 灯熄灭	Esc	
11）或者按 Enter 键保存改变。数字将停止闪烁并且指示编程状态的 LED 灯熄灭	⏎	220 VOLTS AMPS HERTZ　PROGRAM FAULT
12）按 Esc 键返回参数列表 继续按 Esc 键退出编程菜单，如果按 Esc 键没有改变显示，那么将显示参数 d001 ［输出频率］，按 Enter 或 Sel 键进入组菜单	Esc	P031 VOLTS AMPS HERTZ　PROGRAM FAULT

3）采用网络控制的方式的具体参数设置。

按照上位机所提示的参数设置方法，将 P038、P036 分别设置成 5、5，即启动和频率都采用网络控制的方式。

任务4　OPC 设备通信设置及模拟测试

一、教学目标

掌握上位机组态软件与下位机 PLC 之间通过 OPC 设备的方式进行通信的方法，同时对连在以太网上的上位机、下位机、变频器的设备进行联网调试。

二、工作任务

1）对组态软件进行 OPC 设备客户端配置。

2）RSLINX 软件的 OPC 服务器端配置。

三、能力训练

1. 系统的分析

（1）硬件连接　硬件连接如图 4-42 所示，PowerFlex40 变频器、COMPACTLOGIX PLC 与 PC 通过以太网共同连接到以太网交换机上。

（2）软件连接　软件连接如图 4-43 所示，核心的通信软件是安装在 PC 上的 RSLINX 软件。它是变频器与 PLC、PLC 与组态软件之间通信的桥梁。但变频器与 PLC 和 PLC 与组态软件这两种通信的方式不同。PLC 与变频器之间是通过互定义全局变量来实现通信的；而 PLC 与 MCGS 组态软件之间是通过 OPC 中间设备来实现通信的。

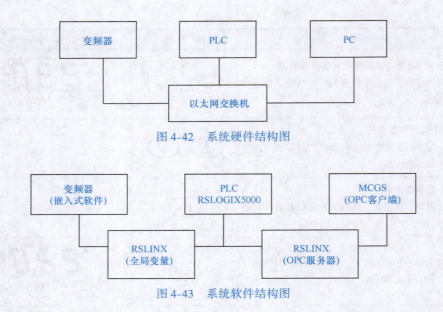

图 4-42　系统硬件结构图

图 4-43　系统软件结构图

(3) 模拟测试　通过上位机的组态软件的模拟设备模拟产生水塔液位的数据,把这个液位数据传给 PLC, PLC 根据液位的高低进行频率的控制,进行整个系统的模拟运行。

2. 具体操作

1) 硬件连接,按图 4-42 所示采用双绞线连接好系统。

2) 软件的设置

① 变频器与 PLC 通信只需要在 PLC 上定义好相关的全局变量,此部分工作在模块 2 已经完成。

② 组态软件与 PLC 之间的通信

a) RSLINX 的 OPC 服务器设置。双击右下角的 RSLINX 软件,单击 DDE/OPC 指令,出现图 4-44 所示界面。

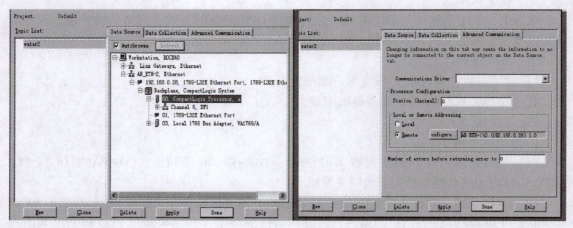

a)　　　　　　　　　　　　　　　　b)

图 4-44　RSLINX OPC 服务器设置

单击 New 按钮建立 WATER2 TOPIC（即 OPC 服务器）。然后单击"Data Source"，选中需要通信的 PLC 的控制器，本例选 192.168.0.28 中的"00 Compactlogix Processor"，选中"Advanced Communication"，可获取 IP 地址，如图 4-44 所示。

由图 4-44 可知 IP 地址为"AB ETH-1 \ 0 \ . (192.168.0.28).1.0"。

b）MCGS OPC 客户端配置：监控系统通过外部设备的组态与外部的控制对象进行通信，本系统通过 OPC 设备与外部系统进行通信，本系统中通过配置 OPC 的服务器和客户端与 PLC 之间进行通信。MCGS 组态端为 OPC 的客户端。具体操作如下：

在"设备管理"中的"可选设备"中双击 OPC 设备，把 OPC 设备加入到"选定设备"中；在设备组态窗口中双击 OPC 设备；对 OPC 设备进行组态，OPC 服务器选择"RSLinx OPC Server"，如图 4-45 所示。

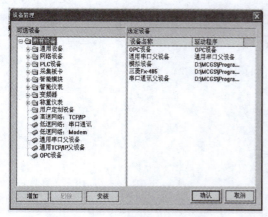 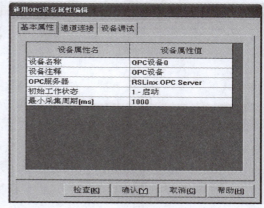

图 4-45 OPC 设备的添加

把 PLC 的数据与组态的数据进行对应，电动机运行频率对应 Hz，起动水泵对应 START、停止水泵对应 STOP，水位对应 WATER。数据类型：布尔数对应为整数型、正数值对应浮点型参数，如图 4-46 所示。

3）模拟设备运行

① 组态模拟设备的配置：在工作台下进入"设备组态"窗口，把模块 1 的模拟设备先删除，然后再添加模拟设备，如图 4-47 所示。定义模拟设备，双击模拟设备对其内部属性进行定义。

最后把通道 1 和液位参数进行关联，如图 4-48 所示。

② 模拟运行：将系统组装完毕后，在组态运行界面上单击"运行"，模拟运行系统。

四、理论知识

1. OPC 通信设备

OPC 是 OLE for Process Control 的缩写，即用于过程控制的 OLE 技术。OLE 原意是对象链接和嵌入，随着 OLE 2 的发行，其范围已远远超出了这个概念。现在的 OLE 包容了许多新的特征，如统一数据传输、结构化存储和自动化，已经成为独立于计算机语言、操作系统甚至硬件平台的一种规范，是面向对象程序设计概念的进一步推广。而 OPC 就是建立在

组态控制实用技术 第3版

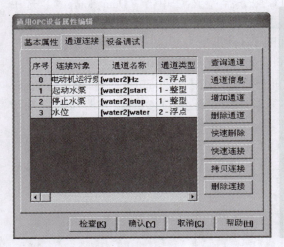
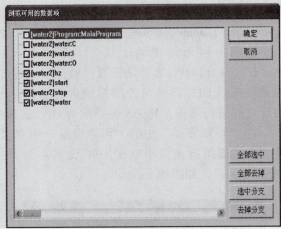

a)　　　　　　　　　　　　　　　　　　b)

图 4-46　OPC 通信的参数对应图

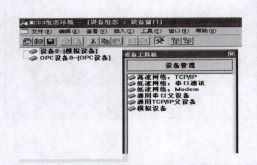
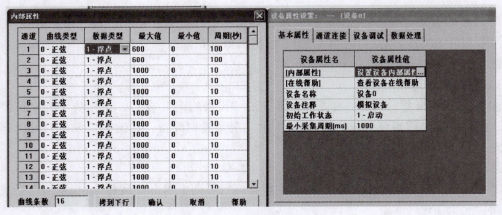

图 4-47　模拟设备的配置

OLE 规范之上，为过程控制领域应用而提供的一种标准的数据访问机制。

　　OPC 标准主要解决的是工业过程控制领域内来自不同厂商的硬件和软件协同工作的问题。工业控制领域用到大量的现场设备，在 OPC 出现以前，自动化软件开发商需要开发大量的驱动程序来连接这些设备。即使硬件供应商在硬件上做了一些小小改动，应用程序就可

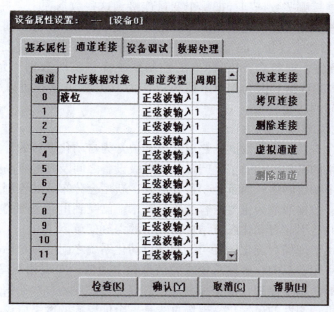

图 4-48　模拟参量的关联

能需要重写；同时，硬件供应商只能以 DLL 或 DDE 服务器方式提供最新的硬件驱动程序，对于最终用户来说，就意味着繁重的编程任务。而且，DLL 和 DDE 是平台相关的，与具体的操作系统有密切的关系，同时，由于 DDE 和 DLL 并不是为过程控制领域而设计的，像设备通知、事件以及历史数据等过程控制领域常见的通信要求实现起来非常困难。因此硬件供应商的另一个方案就是提供硬件底层编程特性，包括硬件端口地址、中断号以及操作时序等。而这种方法除了对用户应用造成很大困难以外，提供硬件设备的底层编程特性也不利于硬件供应商隐藏与用户应用无关的细节以方便硬件的升级和修改。

随着 OPC 的提出，这个问题开始得到解决。OPC 规范包括 OPC 服务器和 OPC 客户端两个部分，其实质是在硬件供应商和软件开发商之间建立了一套完整的"规则"，只要遵循这套规则，数据交互对两者来说都是透明的，硬件供应商无需考虑应用程序的多种需求和传输协议，便能够提供一个功能齐备的应用接口。软件开发商也无需了解硬件的实质和操作过程。

按照 OPC 规范，硬件供应商只需提供一套符合 OPC Server 规范的程序组，无需考虑工程人员需求，而软件开发商无需重写大量的设备驱动程序，只需要一套具备 OPC 客户能力的软件，就可以与所有符合 OPC 服务器规范的程序组连接，获取需要的数据。而工程人员在设备选型上有了更多的选择。只要是符合 OPC 规范的驱动程序和自动化软件，就可以协同工作。

OPC 的特点包括：易于实现；灵活满足多种客户需求；强大的功能；高效的操作。MCGS 可以充分利用 OPC 规范所提供的强大功能，使得 MCGS 的用户能够快速高效地访问 OPC 服务器提供的数据，对硬件设备进行访问。在 MCGS 中，可以同时挂接多个 OPC 设备，每个 OPC 设备就像一个普通的 MCGS 设备一样，可以通过用户熟悉的界面进行组态。用户可以在 OPC 设备的属性页中，组态使用某一个 OPC 服务器，并浏览这个服务器可以提供的数据项，然后决定连接哪些数据项，把哪个变量连接到这些数据项上。并且在组态环境中，可以实时地进行这些数据变量的连接测试。在运行环境中，MCGS 将自动启动 OPC 服务器，和对应的 OPC 服务器建立连接，自动完成和 OPC 服务器之间的数据交互。同时，MCGS 也可以作为 OPC 服务器，向符合 OPC 标准的控制系统提供实时数据，允许这些系统读取 MCGS 实时数据库中的数据。因为 MCGS 既可以作为 OPC 服务器也可以作为 OPC 客户端，实现本地和远程访问的功能。

2. 现场总线技术概述

现场总线是当今自动化领域发展的热点之一，被誉为自动化领域的计算机局域网。它作为工业数据通信网络的基础，沟通了生产过程现场级设备之间及其与更高控制管理层之间的联系。它不仅是一个基层网络，而且是一种开放式、新型全分布式的控制系统。这项以智能传感、控制计算机、数据通信为主要内容的组合技术，已受到世界范围的关注而成为自动化技术发展的热点，并将引起自动化系统结构与设备的深刻变革。

现场总线就是用于现场智能化装置与控制室自动化系统之间的一个标准化的数字式通信链路，可进行全数字化、双向、多站总线式的信息数字通信，实现相互操作以及数据共享。现场总线的主要目的是用于控制、报警和事件报告等工作。现场总线通信协议的基本要求是响应速度和操作的可预测性的最优化。现场总线是一个低层次的网络协议，在其之上还允许有上级的监控和管理网络，负责文件传送等工作。现场总线为引入智能现场仪表提供了一个开放平台，基于总线的分布式控制系统（FCS）是继 DCS 后的又一代控制系统。

（1）现场总线技术的产生 在过程控制领域中，从 20 世纪 50 年代至今一直都在使用着一种信号标准，那就是 4～20mA 的模拟信号标准。20 世纪 70 年代，数字式计算机引入到测控系统中，而此时的计算机提供的是集中式控制处理。20 世纪 80 年代，微处理器在控制领域得到应用，微处理器被嵌入到各种仪器设备中，形成了分布式控制系统。

随着微处理器的发展和广泛应用，产生了以 IC 代替常规电子线路，以微处理器为核心，实施信息采集、显示、处理、传输及优化控制等功能的智能设备。一些具有专家辅助推断分析与决策能力的数字式智能化仪表产品，其本身具备了诸如自动量程转换、自动调零、自校正、自诊断等功能，还能提供故障诊断、历史信息报告、状态报告、趋势图等功能。

通信技术的发展，促使传送数字化信息的网络技术开始得到广泛应用。与此同时，基于质量分析的维护管理、与安全相关系统的测试记录、环境监视需求的增加，都要求仪表能在当地处理信息，并在必要时允许被管理和访问，这些也使现场仪表与上级控制系统的通信量大增。

另外，从实际应用的角度出发，控制界也不断在控制精度、可操作性、可维护性、可移植性等方面提出新需求。由此，导致了现场总线的产生。

（2）现场总线的概念 IEC 给出现场总线的定义：一种应用于生产现场，在现场设备之间、现场设备与控制装置之间进行双向、串行、多节点、数字式的数据交换的通信技术。

（3）现场总线的分类

1）总线按照长度分类

a）毫米级：芯片内总线。

b）厘米级：芯片间总线、元件总线。

c) 分米级：机箱内总线（Multi-bus、STD、PCL、ISA、PCI等）。
d) 十米级：机柜间总线（RS232、GPIB、VME、VXI等）。
e) 千米级：现场总线（FF、PROFIBUS等）。

2) 现场总线按照数据通信宽度分类

a) 传感器现场总线（数据宽度为位）：适用于简单的开关装置和输入输出位的通信：Seriplex总线、AS-i总线等。

b) 装置现场总线（数据宽度为字节）：适用于以字节为单位的装置类通信：Interbus总线、DriveNET总线和CAN总线等。

c) 全服务的现场总线（数据宽度为数据流或模块Block）：以报文通信为主，除了对装置进行读取数据外，还包括一些对装置的操作和控制功能：FF总线、Lonworks总线、Hart总线等。

3) 现场总线按照应用行业分类

a) 过程控制（连续生产过程）用现场总线：FF的HI、PROFIBUS-PA等。
b) 离散控制用现场总线：PROFIBUS-DP、Device-NET等。
c) 楼宇自动化用现场总线：Lonworks等。
d) 车辆制造业用现场总线：CAN等。
e) 飞机制造业用现场总线：SwiftNet等。
f) 农业及养殖业用现场总线：P-Net等。

(4) 现场总线的本质

1) 现场通信网络。用于过程以及制造自动化的现场设备或现场仪表互连的通信网络。

2) 现场设备互连。传感器、变送器和执行器等，这些设备通过一对传输线互连。

3) 互操作性。现场设备或现场仪表种类繁多，互相连接不同制造商的产品是不可避免的。性能价格比最优的产品，并将其集成在一起，实现"即接即用"；用户希望对不同品牌的现场设备统一组态，构成所需要的控制回路。

4) 分散功能块。FCS废弃了DCS的输入/输出单元和控制站，把DCS控制站的功能块分散地分配给现场仪表，从而构成就地控制站。

例如：流量变送器不仅具有流量信号变换、补偿和累加输入模块，而且有PID控制和运算功能块。调节阀的基本功能是信号驱动和执行，还内含输出特性补偿模块，也可以有PID控制和运算模块，甚至有阀门特性自检验和自诊断功能。由于功能块分散在多台现场仪表中，并可统一组态，供用户灵活选用各种功能块，构成所需的控制系统，实现彻底的分散控制。

5) 通信线供电。通信线供电方式允许现场仪表直接从通信线上获取能量，对于要求安全的低功耗现场仪表，可采用这种供电方式。

6) 开放式互联网络。既可与同层网络互联，也可与不同层网络互联，还可以实现网络数据库的共享。不同制造商的网络实现互联，用户通过网络对现场设备和功能块统一组态，把不同厂商的网络及设备融为一体，构成统一的FCS。

(5) 现场总线的特点和优点　现场总线控制系统由于采用了现场总线设备，能够把原先DCS系统中处于控制室的控制模块、输入输出模块置于现场总线设备，加上现场总线设备具有通信能力，现场的测量变送仪表可以与阀门等执行器直接传送信号，因而控制系统功能能够不依赖控制室的计算机或控制仪表，直接在现场完成，实现了彻底的分散控制。

由于采用数字信号替代模拟信号，因而可实现一对电线上传输多个信号（包括多个运行参数值、多个设备状态、故障信息），同时又为多个现场总线设备提供电源；现场总线设备以外不再需要 A-D、D-A 转换部件。

这样就为简化系统结构、节约硬件设备、节约连接电缆与各种安装、维护费用创造了条件。

模块五

点胶机器人生产线现场总线网络的设计

一、教学目标

终极目标：能应用 AB 公司相关软件进行编程、通信、监视和控制。

促成目标：

1) 掌握工业以太网设备的 Device Net 专用线的连接技能。
2) 熟练掌握 RSLogix 5000 编程软件的使用技能。
3) 熟练掌握 RSView32 软件的使用技能。
4) 掌握上位机组态软件与下位机 PLC 之间通过 OPC 设备的方式进行通信的方法。
5) 掌握对连在以太网上的上位机、下位机、变频器的设备进行联网综合调试的方法。

二、工作任务

1) 完成点胶机器人的网络方案的确定。
2) 完成点胶机器人 PLC 程序编写。
3) 完成点胶机器人系统的上位机界面的制作。
4) 完成点胶机器人系统的通信及控制调试。

任务1　网络方案的确定

一、教学目标

终极目标：掌握工业以太网设备的 Device Net 专用线的连接技能。

促成目标：

1) 掌握 Device Net 专用线的安装与运行方法。
2) 能进行工程分析，确定点胶机器人网络方案。

二、工作任务

1) 完成点胶机器人网络方案的确定。
2) 完成相关元件的选型及硬件连接。

三、能力训练

1. 点胶机器人简介

点胶（Dispen Sing Process，DSP），是一种工艺，也称施胶、涂胶、灌胶、滴胶等，是把电子胶水、油或者其他液体涂抹、灌封、点滴到产品上，让产品起到粘贴、灌封、绝缘、固定、表面光滑等作用。

点胶机器人是机器人系统的一个重要分支，由于它能进入人类工业生产并代替了手工业生产，近几十年来受到了广泛的关注。全自动点胶机器人是在多年运动控制技术的基础上研发的高速度、高精度、适应多种产品点胶、涂胶的自动化设备。桌面式点胶机是高机密机械，是集自动控制以及精确点胶控制技术于一体的高科技产品，其核心是基于世界上先进的 DSP 智能型运动控制系统。本项目所采用的点胶机具有功能强、编程简单、操作方便、价格低等优点，适用于各种点胶产业。DR-200 型点胶机器人外部示意图如图 5-1 所示，它的主要功能特点如下：

1）操作简单方便。DR 系列点胶机器人产品在设计中充分考虑到使用的简单化，在不影响功能的前提下，使按键的数量减少到最少，简化操作过程，工人培训简单，节约培训时间和培训费用。

2）CAD 图形识别。配有专用的控制软件，可识别 CAD 图形，自动生成运动轨迹，配合原点示教可以满足任意平面产品的自动点胶，免去了逐点示教的繁琐工作，尤其是在已有工件 CAD 图形的情况下，可以大大减少生产准备的时间，提高生产效率，为企业带来更大的经济效益。

图 5-1　DR-200 型点胶机器人

3）轨迹存储。在点胶机控制系统中，可以同时存储 120 个工作轨迹图形，只需进行简单的选择操作，就可以快速适应不同的工件，而且一次下载以后可以脱离计算机。

4）喷胶针头可调。可以在一定范围内适应不同高度工件的要求，并可以保证在更换点胶机针筒时不需要对运动轨迹进行重新矫正。

5）设定开关胶延迟时间，提前距离等功能，避免出胶不匀、拉丝、毛边等现象。

6）关键部件精心选用零部件，在保证较高的速度、精度的同时，满足自动化生产条件下的高可靠性的要求，点胶机器人的主要参数见表 5-1。

表 5-1　点胶机器人的主要参数

规格型号		DR-200
X 轴行程		200mm
Y 轴行程		200mm
Z 轴行程		100mm
X 轴速度		600mm/s
Y 轴速度		600mm/s
Z 轴速度		300mm/s
重复精度		0.02mm
外形尺寸	长	350mm
	宽	350mm
	高	350mm

(续)

规格型号	DR-200
重量	25kg
轨迹编辑	计算机图形输入+关键点示教
工作轨迹存储量	120
电源	AC 220V 50Hz
使用环境	温度 0~40℃，湿度 20%~90%（无结露）

7）适用产品：集成电路、印刷电路板、彩色液晶屏、电子元器件（如继电器、扬声器）、光学镜头、汽车部件及医疗用品。

2. 点胶机系统网络的规划

（1）元器件布置　根据点胶机器人系统的要求，确定通信网络系统总共有两个节点，并安装在一个开关柜中。开关柜硬件布置图如图 5-2 所示。本系统的 Device Net 硬件接线图如图 5-3 所示。

图 5-2　开关柜硬件布置图

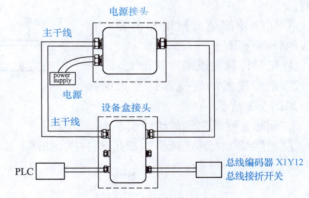

图 5-3　硬件接线示意图

（2）元器件选择　按图 5-3 硬件接线示意图的规划选取网络元件，网络元件选择见表 5-2。将表 5-2 中的网络连接装在图 5-2 开关柜硬件布置图的弱电区。

表 5-2　网络元件选择

名称	型号	生产商	数量
圆形厚型电缆	1485C	罗克韦尔	3m
4口设备盒接口	1485-P4T5-T5	罗克韦尔	1个
电源接头	1485-P2T5-T5	罗克韦尔	1个

（3）网线的连接　在网络连接之前，首先需要做的工作是决定你的网络中需要多少根主干线和分支线，然后根据尺寸放线，把各线都准备好后再做连接工作。

1）安装开放型连接器

① 把网线的末端的外套层剥除 65~75mm，剥除金属网层 6.4mm，如图 5-4 所示。

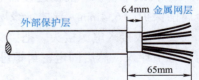

图 5-4　外部保护层的剥除

② 在网线末端套上一个长度为 38mm 的护套，覆盖暴露的导线，如图 5-5 所示。
③ 把每一个导线的绝缘层剥掉 8.1mm，如图 5-6 所示。
④ 把导体的 6.5mm 处涂上锡，这样可以保证在连接器外的裸露导线不超过 0.17mm。

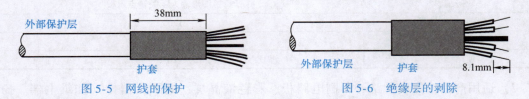

图 5-5　网线的保护　　　　　　　图 5-6　绝缘层的剥除

⑤ 根据导体绝缘的颜色把每根线插入接口的对应孔中。
⑥ 拧紧螺钉固定各线，公设备连接器接头必须与母设备连接器接头相匹配。

2）安装 Mini/Micro 密封型连接器
① 清除网线端 70mm 之内、外层保护套上的浮尘。
② 从网线末端 29mm 处剥掉外层保护套。
③ 切除外部金属网层和电源及信号线的外部金属层。
④ 把导体修剪成同样的长度。
⑤ 把连接器的硬件部件套入网线上，如图 5-7 所示。
⑥ 剥除各导线末端的绝缘层 9mm。
⑦ 把网线插入到连接器的带孔部件中，如图 5-8 所示。

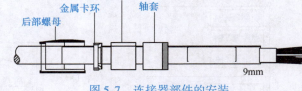

图 5-7　连接器部件的安装

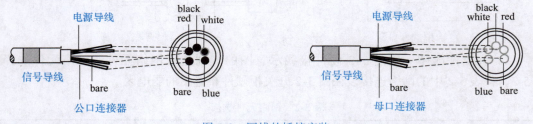

图 5-8　网线的插接安装

⑧ 把网线上的轴套部件旋转紧固到连接器上。
⑨ 把后部螺母与轴套部件旋转紧固连接。

3）电源接头的安装。电源接头包括主干线的连接和电源的接入两个部分，仅适用于圆形电缆线。具体安装操作如下面所示：
① 网线准备，和前面连接器的网线准备类似，把网线末端外部保护层剥除 65～76mm，金属网保护层 6.4mm，导体绝缘层 8.1mm。
② 网线接入电源接头。把接头盒盖子打开，用扳手松开边缘的密封螺母，把网线从密封螺母中穿入，然后固定密封螺母。

③ 把网线在接头中进行合理分布,最后按绝缘层的颜色,把各导体插入到接头中间的导电区并固定在中间连接端子上,如图5-9所示。

4) 设备盒与设备口接头接线。设备盒和设备口接线和电源盒类似,只是最后的网线与端子连接有不同,设备盒端子接线如图5-10所示。

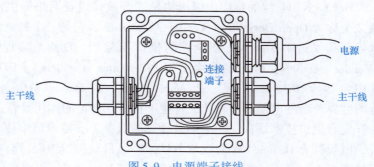

图 5-9　电源端子接线

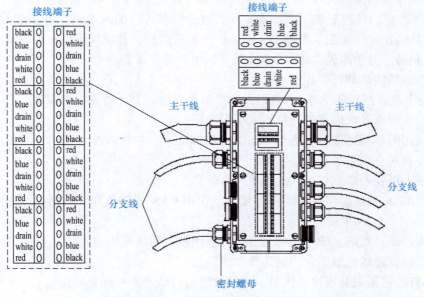

图 5-10　设备盒端子接线

四、理论知识

1. Device Net 现场总线技术概述

Device Net 最初由罗克韦尔自动化开发,是 20 世纪 90 年代中期发展起来的一种基于 CAN 技术的开放型、低成本、高性能的通信网络。它通过一根电缆将诸如可编程序控制器、传感器、光电开关、操作员终端、电动机、变频器等现场智能设备连接起来,使分布式控制系统减少现场 I/O 接口和布线数量,是将控制功能下载到现场设备的理想解决方案。Device Net 作为工业自动化领域广泛应用的网络,不仅可以作为设备级的网络,还可以作为控制级的网络,通过设备网提供的服务还可以实现以太网上的实时控制。与其他现场总线相比,Device Net 不仅可以接入更多、更复杂的设备,还可以为上层提供更多的信息和服务。在制造领域里,Device Net 遍及全球,尤其是在北美和日本,Device Net 已经成为事实上的工业自动化领域的标准网络。

Device Net 总线的推广组织机构是"开放式设备网络提供商协会",简称"ODVA"。其英文全称为 Open Device Net Vendor Association。它是一个独立组织,负责管理 Device Net 技术规范和促进 Device Net 在全球的推广与应用。ODVA 实现会员制,会员分供货商会员(Vendor members)和分销商会员(Distribution members)。ODVA 现有供货商会员 300 个,其中包括:ABB、Rockwell、Phoenix、Contacts、Omron、Hitachi、Cutler、Hammer 等几乎所有的世界著名的电器和自动化元件生产商。ODVA 的作用是帮助供货商会员向 Device Net 产品开发者提供技术培训、产品一致性试验服务、支持成员单位对 Device Net 协议规范进行改进,出版符合 Device Net 协议规范性的产品目录,组织研讨会和其他推广活动,帮助用户了解并掌握 Device Net 技术,帮助分销商开展 Device Net 用户培训和 Device Net 专家认证培训,提供设计工具,解决 Device Net 系统问题。

Device Net 是一个开放式网络标准,其规范和协议都是开放的,厂商将设备连接到系统时无须购买硬件、软件或许可权。任何人都能从开放式 Device Net 供货商协会(ODVA)购买 Device Net 规范。任何制造 Device Net 产品的公司都可以加入 ODVA 并参加对 Device Net 规范进行增补的技术工作组。开发 Device Net 产品所需的关键硬件可以从世界最大的半导体供货商那里获得。简单地说,Device Net 具有以下一些技术特点。

1)不必切断网络即可移除节点。

2)网络上最多可以容纳 64 个节点,每个节点支持的 I/O 数量没有限制。

3)使用密封或开放形式的连接器。

4)可选用的数据通信速率为 125kbit/s、250kbit/s、500kbit/s。

5)支持点对点、多主或主/从通信。

6)可带电更换网络节点、在线修改网络配置。

7)采用 CAN 物理层和数据链路层规约,使用 CAN 规约芯片,得到国际上主要芯片制造商的支持。

8)支持选通、轮询、循环、状态变化和应用触发的数据传送。

9)采用逐位仲裁机制实现按优先级发送信息。

10)具有通信错误分级检测机制、通信故障的自动判别和恢复功能。

11)可调整的电源结构可满足不同的实际情况:每个电源最大容量可达 16A,电源内置过载保护,供电装置具有互换性。

12)既适应于连接低端工业设备又能连接变频器、操作终端这样的复杂设备。

13)得到众多制造商的支持,可实现不同厂商同类设备的互换。

14)是一种低成本、高可靠性的数据网络,具有误接线功能。

2. Device Net 现场总线物理层的设计与安装

一个基础的 Device Net 网络硬件如图 5-11 所示,其由主干线(trunk line)、支线(drop line)、终端电阻(TR)和电源组成

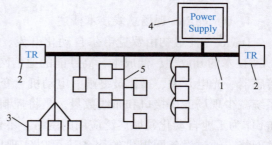

图 5-11 Device Net 网的基本结构
1—主干线(trunk line) 2—终端电阻(TR)
3—设备(Device) 4—电源(Power Supply)
5—支线(drop line)

(Power Supply)。

1) Device Net 网络的拓扑（topology）结构。Device Net 网络系统采用主干线/分支线的拓扑结构模式。支线可以挂带多个设备，并可采用总线型、星形、网形等分支结构形式，拓扑结构如图 5-12 所示。

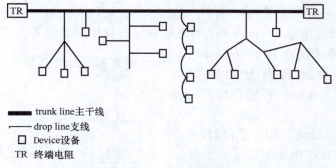

图 5-12　Device Net 网络的拓扑结构

2) 通信线的选择。通信线的选择见表 5-3。

表 5-3　通信线的选择

线的种类	用　　途
圆线（厚）	该线主要用作主干线连接，其外部直径为 12.2mm。也可用作分支线
圆线（薄）	该线主要用于分支线连接，其外部直径为 6.9mm。薄线和厚线相比较其外径小，更加柔软。也可用作主干线
扁线 1 级：电流不超过 10A 2 级：电流不超过 4A	该线主要用于主干线连接，其外部尺寸为 19.3mm×5.3mm

3) 主干线的长度距离确定。圆电缆线（薄线和厚线）包裹着五根线：一对缠扰线（红色和黑色）是 24V 直流电源线，一对缠绕线（蓝色和白色）是信号线，还有一根储备线（裸露的）。扁电缆线包裹四根线：一对缠绕线（红色和黑色）是 24V 直流电源线，另一对缠绕线（蓝色和白色）是信号线。主干线中任意两点间的最大距离依据设定的传输数据速率而定。主干线长度的确定具体见表 5-4。

表 5-4　主干线长度的确定

传输速率/ (kbit/s)	最大距离/m （扁电缆线）	最大距离/m （圆电缆线厚型）	最大距离/m （圆电缆线薄型）
125	420	500	100
250	200	250	100
500	75	100	100

4) 分支线的累积长度距离确定。累积分支线长度距离是在网络系统中所有厚型或薄型分支线的总长度。总长度的限值依据数据的传输速率而定，见表 5-5。

表 5-5 分支线长度的确定

数据传输速率/（kbit/s）	累积支线长度/m
125	156
250	78
500	39

5）直接连接与连接器。Device Net 网络具有可以直接移动设备而不影响网络的功能。网线与设备的连接采用连接器（connectors）。现场安装型连接器分密封型（sealed）和开放型（open）两种类型。如图 5-13 所示。

密封型连接器又分为：Mini 型和 Micro 型，前者用于连接节点和薄型以及厚型电缆线。后者只连接薄型电缆线。

开放型连接器分为：Plug-in 型，用于电缆线与可连接的连接器的连接；Fixed 型，用于电缆线直接与设备固定型旋转终端连接。

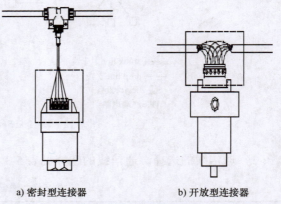

a) 密封型连接器　　b) 开放型连接器

图 5-13　连接器的类型

密封型的连接器一般采用螺旋型接口，如图 5-14 所示。开放型连接器其接口采用插入接口，如图 5-15 所示。

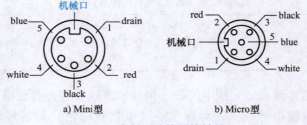

a) Mini 型　　b) Micro 型

图 5-14　密封型连接器旋转接口

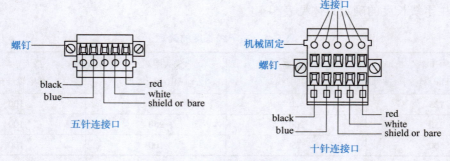

图 5-15　开放型连接器插入接口

6）终端电阻的使用。在主干线的终端需要连接终端电阻来降低和抑制干扰信号。终端电阻的选择依据电缆线及连接器的类型而定。

针对圆型电缆线，如果主干线的末点采用的是密封型 T 口节点，则采用密封型终端电阻，如图 5-16 所示。其中密封公口型终端电阻采用罗克韦尔公司的 1485A-T1M5，密封母口型采用 T1N5。

如果主干线末点采用的是开放式节点，则采用开放型终端电阻，连接在白线和绿线上。如图 5-17 所示。

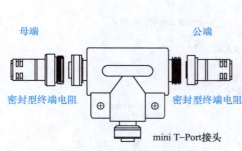

图 5-16　密封型终端电阻

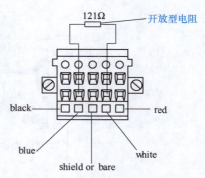

图 5-17　开放型终端电阻

3. Device Net 网络电源与接地

（1）电源要求　　Device Net 网络需要配置电源，其要求如下：

电源上升 5% 的目标电压所需时间不超过 250ms。

电源有自己的限流保护。

网络系统的每一个节点都采用熔丝保护。

电源的规格要求能满足每一个设备的功率要求。

根据用户手册的方法来降低电源的热量。

（2）电源的电压选择　　电源的电压波动最大不能超过标定 24V 的 3.25%。

（3）电源的电流选择

电源要满足各分支电路的所有设备所需电流的累加，具体的所需电流的计算如图 5-18 所示。电源 1 需要满足的电流为（D1 + D2 = 2.55A），电源 2 需要满足的电流为（D3 + D4 + D5 = 1.35A），则电源电流在此电源的基础上乘一个安全系数。

（4）电源的安装位置

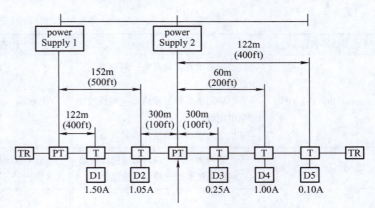

图 5-18　网络所需电流计算

在网络中如果有负载重的设备，如果网络采用一个电源，则把电源靠近此节点。如果使用多电源的话，则单独给负载重的负载使用一个电源。当使用一个电源时，电源位置尽量靠近网络的中间，这样可以减少两边末端负载的电压降。

（5）接地　Device Net 网络需要进行接地处理。具体接地时按照以下操作。

1）当采用圆形电缆线时，需要把 V-端、电缆的保护层、地线（drain）接在一起并在同一个地方接地。

2）当采用扁形电缆线时，需要把 V-端接地。

4．具体的 Device Net 网络元件的选择

一个具体的 Device Net 网络如图 5-19 所示，该 Device Net 网络所用的主要部件如表 5-6 所列。

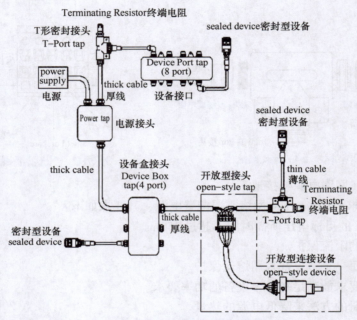

图 5-19　Device Net 网络的案例

表 5-6　Device Net 网络的案例所用部件

部件名称	功能说明	部件名称	功能说明
trunk line（主干线）	代表网络的骨架的线路，两边各用一个终端电阻 - 可以使用圆形厚型或薄型电缆线或扁型电缆线 - 节点之间连接或直接连接到设备	T-Port tap（T 形接头）	一个带有密封连接器的单一接口
drop line（分支线）	分支线由圆形厚型或薄型电缆线组成 - 在网络上把节点连接到主干线上	Device Box tap（设备盒接头）	允许 2、4 或者 8 根分支线连接到主干线的接线盒
Device（设备）	带地址的使用设备	Device Port tap（设备接口接头）	通过与密封连接器相连允许 4 或者 8 根分支线连接到主干线上
Terminating Resistor（终端电阻）	电阻（121W，1%，1/4W 或者更大）只用在主干网两端	Power tap（电源接头）	电源与主干线连接的物理接口

(续)

部件名称	功能说明	部件名称	功能说明
open-style connector（开放型连接器）	用于设备不暴露在环境中的情况	open-style tap（开放型接头）	把分支线连接到主干线的旋转终端
sealed-style connector（密封型连接器）	用于设备暴露在环境下的情况		

（1）圆形厚型电缆线的选择　圆形厚型电缆线一般用于 Device Net 网络的主干线，也可以用于分支线。其结构如图 5-20 所示。罗克韦尔的圆形厚型电缆线按其长度来区分规格，其 2 类等级的产品具体见表 5-7。

（2）圆形薄型电缆线的选择　圆形薄型电缆线的外部尺寸为 6.9mm，一般用于分支线。罗克韦尔的圆形薄型电缆线按其长度来区分规格，其 2 类等级的产品具体见表 5-8。

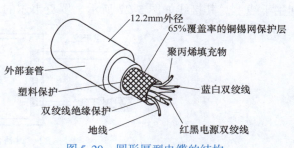

图 5-20　圆形厚型电缆的结构

表 5-7　罗克韦尔圆形厚型电缆线的规格

Class 2（2 级）圆形厚型电缆线（黄色 CPE）			
缠绕长度	规格	缠绕长度	规格
50m	1485C-P1C50	300m	1485C-P1C300
150m	1485C-P1C150	600m	1485C-P1C600

表 5-8　罗克韦尔圆形薄型电缆线的规格

Class 2（2 级）圆形薄型电缆线			
缠绕长度	规格	缠绕长度	规格
50m	1485C-P1A50	300m	1485C-P1A300
150m	1485C-P1A150	500m	1485C-P1A500

（3）T-Port（T 口）接头　T-Port 接头使用 Mini 或 Micro 快速密封式连接器连接分支线。Mini 接头提供右边或者左边固定点。具体连接如图 5-21 所示。

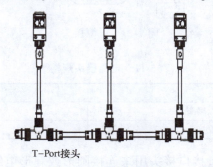

图 5-21　T 形接头连接

罗克韦尔的 T-Port 接头规格见表 5-9。

表 5-9 罗克韦尔 T 形接头的规格

产品类型	规 格
Mini T-Port 形接头（右边固定）	1485-P1N5-MN5R1
Mini T-Port 形接头（左边固定）	1485-P1N5-MN5L1
Micro T-Port 形接头	1485-P1R5-DR5

（4）Device Box tap（设备盒接头） 设备盒接头只适用圆形电缆，可以把各支路直接接到主干线上。其接线如图 5-22 所示。罗克韦尔的设备盒接头规格见表 5-10。

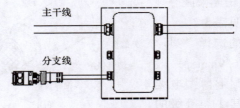

图 5-22 设备盒接头

表 5-10 设备盒接头规格

产品类型	规 格
2 口 设备盒接头（厚型圆电缆）	1485P-P2T5-T5
2 口 设备盒接头（薄型圆电缆）	1485P-P2T5-T5C
4 口 设备盒接头（厚型圆电缆）	1485-P4T5-T5
4 口 设备盒接头（薄型圆电缆）	1485-P4T5-T5C
8 口 设备盒接头（厚型圆电缆）	1485-P4T8-T5
8 口 设备盒接头（薄型圆电缆）	1485-P4T8-T5C

（5）Power tap（电源接头） 电源接头能够提供过电流保护，每一根主干线的限流是 7.5A。电源接头只使用圆形电缆线，其接线如图 5-23 所示。罗克韦尔的电源接头规格见表 5-11。

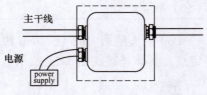

图 5-23 电源接头

表 5-11 电源接头规格

产品类型	规 格
厚型圆电缆型电源接头	1485-P2T5-T5
薄型圆电缆型电源接头	1485T-P2T5-T5C

（6）设备接口接头 设备接口接头用来连接圆形或扁形电缆支线，根据连接器的不同可以分为 Mini 型和 Micro 型。具体连接见图 5-24，罗克韦尔的设备接口接头规格见表 5-12。

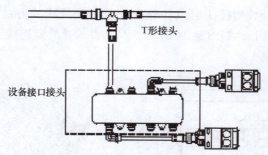

图 5-24 设备接口接头

表 5-12 设备接口接头规格

产品类型	规　格
4 口 Micro 型带 2m 支线	1485P-P4R5-C2
8 口 Micro 型带 2m 支线	1485P-P8R5-C2
4 口 Mini 型带 2m 支线	1485P-P4N5-M5
8 口 Mini 型带 2m 支线	1485P-P8N5-M5

（7）主干线接头　主干线接头用来直接连接主干线，使用主干线接头可以减少主干线的长度。其使用如图 5-25 所示，罗克韦尔主干线接头的产品规格见表 5-13。

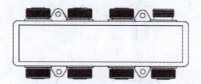

图 5-25 主干线接头

表 5-13 主干线接头规格

产品类型	规　格
4 口 主干线设备接口（Mini 与 Mini 连接）	1485P-P4N5-MN5
6 口 主干线设备接口（Mini 与 Mini 连接）	1485P-P6N5-MN5
4 口 主干线设备接口（Mini 与 Mini 连接）	1485P-P4R5-MN5
6 口 主干线设备接口（Mini 与 Mini 连接）	1485P-P6R5-MN5

（8）开放型连接器　开放型连接器有 5 针型和 10 针型两种主要类型，如图 5-26 所示。罗克韦尔开放型连接器的产品规格见表 5-14。

表 5-14 开放型连接器规格

产品类型	规　格
5 针可插型（开放式，带螺钉）	1799-DNETSCON
5 针可插型（开放式，不带螺钉）	1799-DNETCON
10 针可插型（开放式）	1787-PLUG10R
5 针连接 Micro 适配器	1799-DNC5MMS

（9）开放型接头 开放型接头可以使分支线采用开放式的方法接到主干网上，同时开放型接头可以安装在导轨上，如图 5-27 所示。罗克韦尔开放型连接器的产品规格只有一种，规格为：1492-DN3TW。

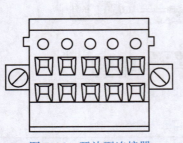

图 5-26 开放型连接器

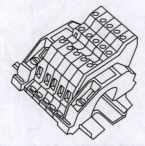

图 5-27 开放型接头

五、拓展知识

终端电阻的选择。根据接口密封型和开放型的区分，分两大类型的终端电阻。密封型终端电阻如图 5-28 所示，规格选择见表 5-15；开放型终端电阻如图 5-29 所示，开放型规格只有一种 1485A-C2。

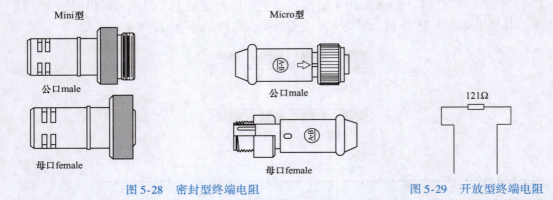

图 5-28 密封型终端电阻　　　　　　图 5-29 开放型终端电阻

表 5-15 密封型终端电阻选择

产品类型	规　　格	产品类型	规　　格
Mini 公口型	1485A-T1M5	Micro 公口型	1485A-T1D5
Mini 母口型	1485A-T1N5	Micro 母口型	1485A-T1R5

六、练习

1. 理论题

1) 什么是 Device Net 现场总线？其主要技术特点有哪些？

2) Device Net 网络电源有哪些要求？

2. 实践题

1) 每位同学按要求搜集点胶机器人资料，设计点胶机器人网络方案。

2) 完成网络元件的选型及网线的连接。

任务 2　　控制器的程序编写

一、教学目标

终极目标：掌握 RSLogix 5000 控制器的程序编写技能。

促成目标：

1) 熟练掌握 RSLogix 5000 编程软件的使用技能。
2) 完成点胶机器人的 PLC 编程。

二、工作任务

完成点胶机器人的控制器程序编写。

三、能力训练

1. PLC 编程

COMPACTLOGIX PLC 的编程使用 RSLogix 5000 编程软件，关于 RSLogix 5000 软件的使用参见相关的罗克韦尔 PLC 编程书籍及 RSLogix 5000 用户编程手册，具体过程本书不做详细介绍。其中 CPU 选型为 1769-L32E，本地模块包括通信模块（1769-SDN）、模拟量模块（1769-IF4XOF2）和数字量模块（1769-IQ6XOW4）。新建文件名为"tank"的项目。

1) 输入、输出参数的设定。在 Controller Tags 参数目录下，定义需要的参数，具体设置如图 5-30 所示。

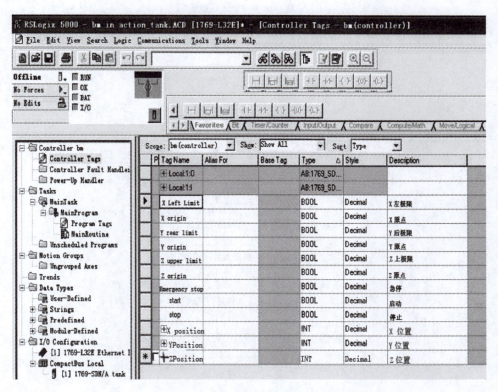

图 5-30　PLC 参数输入、输出设置图

2）顺序控制分析。本任务控制可以采用步进控制方法。总共分成 4 个工步，分别是加料工步、进气工步、加热工步和泻料工步。关于控制的相关参数定义在 main 目录下定义参数，如图 5-31 所示。Array 数组用来表示工步状态。

名称	Data Type	说明	外部访问	常数	样式
TIME3	TIMER		Read/Write	☐	
TIME2	TIMER		Read/Write	☐	
TIME1	TIMER		Read/Write	☐	
TEMPSET	INT	温度设定	Read/Write	☐	Decimal
TEMP	INT	温度值	Read/Write	☐	Decimal
pressset	DINT	压力设置	Read/Write	☐	Decimal
press	DINT	压力值	Read/Write	☐	Decimal
Position	DINT	位置信息	Read/Write	☐	Decimal
array	DINT[4]	工步顺序	Read/Write	☐	Decimal
control	CONTROL[4]		Read/Write	☐	
Zlimit	BOOL	Z限位	Read/Write	☐	Decimal
z_origin	BOOL	Z原点	Read/Write	☐	Decimal
Ylimit	BOOL	Y限位	Read/Write	☐	Decimal
Y_origin	BOOL	Y原点	Read/Write	☐	Binary
Xlimit	BOOL	X限位	Read/Write	☐	Decimal
X_origin	BOOL	X原点	Read/Write	☐	Binary
TEMPOUT	BOOL	温度开关	Read/Write	☐	Binary
stop	BOOL	停止	Read/Write	☐	Binary
start	BOOL	开始	Read/Write	☐	Binary
run	BOOL	运行	Read/Write	☐	Binary
red	BOOL	红灯	Read/Write	☐	Binary
lquickcut	BOOL	下料输出	Read/Write	☐	Decimal
input	BOOL	进料输出	Read/Write	☐	Decimal
green	BOOL	绿灯	Read/Write	☐	Binary
gasout	BOOL	排气输出	Read/Write	☐	Decimal
complete	BOOL	完成	Read/Write	☐	Binary
Bpress	BOOL	压力开关	Read/Write	☐	Binary
				☐	

图 5-31　main 目录参数设置

3）控制流程图。根据工步的控制要求，制订图 5-32 所示的工步控制流程图。

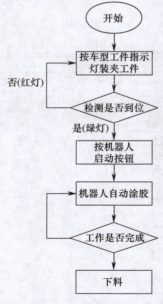

图 5-32　控制流程

4）根据工步的控制流程，形成图 5-33 所示的梯形图。

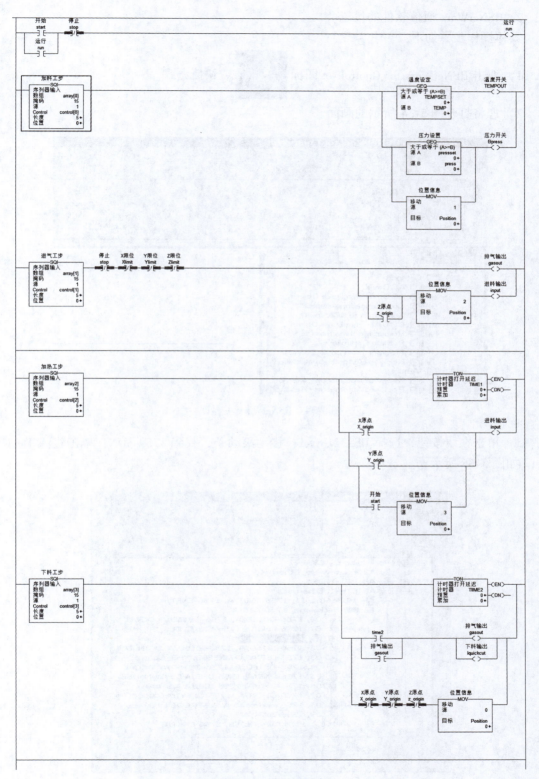

图 5-33　梯形图程序

2. RSNetWorx 通信软件的设置

具体操作步骤如下：

1）双击 RSNetWorx for ControlNet 图标 或快捷方式。

2）您将打开图 5-34 所示的画面。

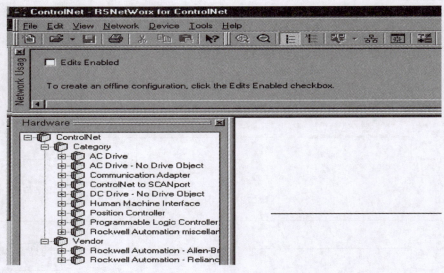

图 5-34　RSNetWorx 主界面

3）单击在线按钮，选择 RS232Driver，移动滚动条，找到 1769-SDN，单击进入 DeviceNet。如图 5-35 所示。

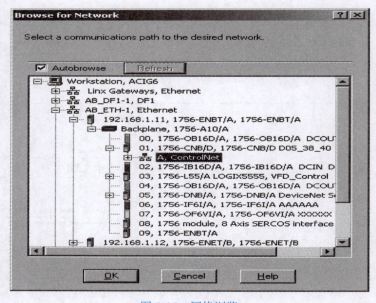

图 5-35　网络浏览

4）在图 5-35 中找到 1756-CNB 并单击，添加"A，ControlNet"选项，单击"OK"后，出现了图 5-36 所示的网络结构画面，单击编辑使能。

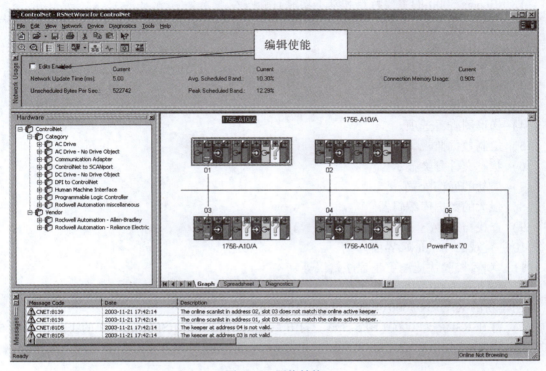

图 5-36　网络结构

5）单击菜单 Network 的"Properties"项，如图 5-37 所示。单击后，出现了图 5-38 所示的网络参数对话框，将"Max Scheduled Address"设为 6。将"Max Unscheduled Address"设为 11。然后单击"OK"。

图 5-37　组态定义

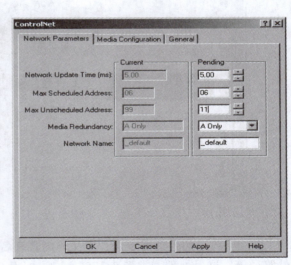

图 5-38　参数设置

6)单击菜单栏的保存按钮。网络组态到此结束。

四、理论知识

1. RSLogix 5000 的主要特点和基本功能有哪些?

RSLogix 5000 是美国 AB 公司开发的用于对其公司 PLC 产品编程的软件。它具有以下特点:

1)统一的项目查看。
2)灵活的梯形图编辑器。
3)拖放式操作。
4)梯形图查看选项。
5)定制数据监视。
6)状态文件分类显示。
7)简易的通信配置。
8)强大的数据库编辑器。
9)查找与替换。
10)直观的 Windows 界面。
11)项目校验快捷地更正程序错误等。

2. RSLogix 5000 如何创建工程

创建新的 RSLogix 5000 工程文件的具体步骤如下:

1)打开 RSLogix 5000(图 5-39)。打开后进入的窗口为 RSLogix 5000 的工程,如图 5-40 所示。

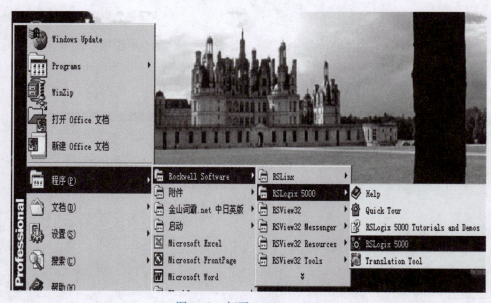

图 5-39 打开 RSLogix 5000

2)给 PLC 的处理器定义,定义的内容有名字、类型、机架的背板所在槽号、创建的文件路径等。这里处理器类型选 1756-L1 ControlLogix 5550,名字定为 PLC,Description 定为练习，背板定为 13 槽，槽号 0 槽，路径默认。

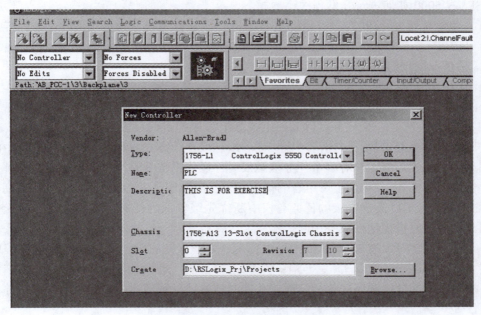

图 5-40　RSLogix 5000 的工程

3）单击 OK 完成设置，显示 RSLogix 5000 工程界面，如图 5-41 所示。

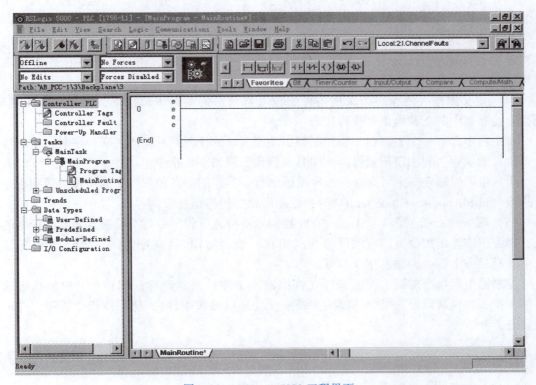

图 5-41　RSLogix 5000 工程界面

五、拓展知识

RSLogix 5000 如何进行开发程序？

（1）组织工程　控制器操作系统是一种抢先多任务系统，遵循 IEC1131-3 标准。该工作平台可提供：

1）多任务用于组态控制器执行。

2）程序用于组合数据和逻辑。

3）例程用于封装使用一种编程语言编写的可执行代码。

（2）定义任务　一个任务可以为一组或多组程序提供时序安排及优先级信息，这些程序是按照特定的标准来执行，用户可以将任务组态成连续方式或周期方式，控制器中的每一任务都有一个优先等级。当有多个任务被触发时，操作系统具有按级别来决定执行哪一个任务。对于周期性任务，有 15 个可组态的优先级别，其范围从 1~15，其中 1 具有最高优先级而 15 的优先级最低。高优先级的任务有权中断优先级较低的任务。连续性任务的优先级最低，因此可以随时被周期性任务中断。

一个任务最多可以有 32 个单独的程序，每一个程序都有自己的可执行例程和程序作用域标签（program-scoped tags）。一旦有一个任务被触发（被激活），则所有分配给该任务的程序将按照它们的分组顺序来执行。程序在控制器的项目管理器中只能出现一次，并且不能被多个任务共享。

每个任务都有一个看门狗定时器，用于监控任务的执行。当任务启动时，看门狗定时器开始计时，而当任务内的全部程序执行完毕时，看门狗定时器停止。

（3）定义程序　每个程序都包含程序标签、一个可执行主例程、其他例程以及一个可选的故障例程。每个任务最多可以调度 32 个程序。

任务内被排定的程序将从第一个程序开始运行至最后一个程序。不属于任何任务的程序将作为位排定程序显示。控制器在能够扫描某个程序之前，用户必须在任务中指定该程序。

（4）定义例程　例程是指采用一种编程语言编写的一组逻辑指令，例如梯形图逻辑。例程为控制器中的工程提供可执行代码。

每个程序都有一个主例程。当控制器启动相关联的任务并且调用关联程序时，主例程是首先执行的例程。利用逻辑就可以调用其他例程，例如 JSR 指令。

用户也可以制定一个可选择的程序故障例程。当控制器在关联程序的例程中遇到指令执行故障（instruction-execution fault）时，控制器就执行指定故障例程。

（5）输入梯形图逻辑　RSLogix 5000 控制器支持逻辑程序中每个梯级含多输出指令的格式。梯级中的输出指令可以按顺序排列（串联）或者将输入和输出指令混合，只要保证梯级中的最后一个指令为输出指令即可。

控制器根据指令前面的梯级条件（梯级输入条件）来判定梯形图指令。根据梯级输入条件和指令，控制器设置指令后面的梯级条件（梯级输入条件），然后按指令顺序，并影响随后的指令。

六、练习

1. 理论题

1）RSLogix 5000 的主要特点和基本功能有哪些？

2）RSLogix 5000 如何创建工程？

2. 实践题

1）分析点胶机器人工步控制流程。

2）根据工步控制流程编写梯形图。

任务3　　上位机界面的制作

一、教学目标

终极目标：熟练掌握 RSView32 软件的通信组态。

促成目标：

1）熟练掌握 RSView32 软件的使用技能。

2）完成点胶机器人的上位机组态编程。

二、工作任务

完成点胶机器人上位机界面的制作。

三、能力训练

1. 组态监控界面的设计

本任务的上位机组态控制界面通过罗克韦尔的 RSView32 组态软件完成，具体分成：新建项目、标记定义、界面制作及联机运行调试等步骤。

（1）新建项目　单击桌面或开始菜单中的"RSView32 Works"，打开 RSView32 Works 编辑界面，如图 5-42 所示。单击文件菜单下的新建子菜单，新建项目名称为"tank"项目。打开"tank"项目后，出现图 5-43 所示的编辑界面。

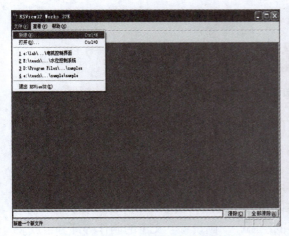
图 5-42　RSView32 新建项目界面

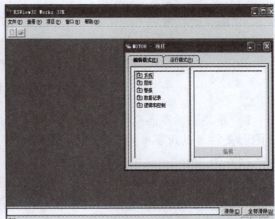
图 5-43　RSView32 编辑界面

（2）标记定义　单击项目管理器编辑模式下"系统"文件夹中的"标记数据库"。按图 5-44 定义需要的标记。其中所有标记的数据源都选择"内存"选项。

（3）控制界面的制作　点胶机器人控制界面整体如图 5-45 所示。

警报	标记名	类型	描述
1	X Left Limit	开关量	X左限位
2	X origin	开关量	X原点
3	Y Left Limit	开关量	Y后限位
4	Y origin	开关量	Y原点
5	Z Left Limit	开关量	Z上限位
6	Z origin	开关量	Z原点
7	Emergency stop	开关量	急停
8	start	开关量	启动
9	stop	开关量	停止
10	X position	数字量	X位置
11	Y position	数字量	Y位置
12	Z position	数字量	Z位置

图 5-44 标记定义

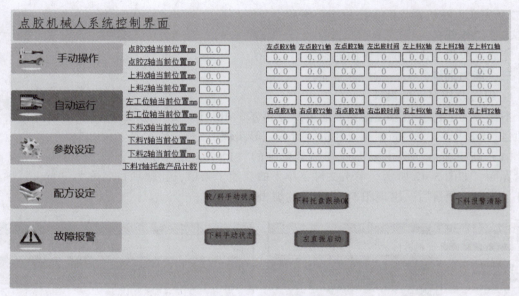

图 5-45 点胶机器人控制界面

1）新建图形界面文件。在编辑模式下，打开"图形"文件夹，双击"显示"菜单，弹出图形文件。点开菜单的"文件"菜单，打开保存工具，把图形文件名保存为"点胶机器人控制界面"。

2）界面标题的制作。在图形编辑器中使用工具条中的"文字"工具，在界面上输入"点胶机器人系统控制界面"，输入完后，对字体和大小进行调整。

3）系统监视部分的图形制作。主要由图形的绘制、动画设置、文字的制作等部分组成。

① 图形的绘制。点胶机器人系统控制界面如图 5-45 所示，包括手动操作、自动运行、参数设定、配方设定、故障报警等。

② 动画的设置。动作动画设置成颜色的变化。

③ 文字的制作。利用绘图工具中的"文字"工具，分别制作"手动操作""自动运行""参数设定""配方设定""故障报警""点胶 X 轴当前位置 mm"等文字。

4）界面控制部分的制作。主要包括：按钮的设置、参数显示及报警动画。

① 按钮设置。"左直振启动"按钮操作属性选"暂时开属性",对应的标记为"start","下料报警清除"按钮属性选"暂时开属性"对应的标记为"stop"。

② 参数显示设置。参数显示采用"数字显示"工具,对应的标记为"X 轴位置"和"Y 轴位置"等。

③ 报警设置。报警参数选项框绘制为矩形,然后设置其"颜色"动画属性。把其报警位置值与实际位置相对应,脚本中程序写成当"x、y、z-position > = x、y、z-position"时报警显示。

2. 组态控制界面与 PLC 的通信设置

组态软件与 PLC 之间通过串口连接,其通信配置采用 OPC 服务器的通信方式,把组态的标记修改成"设备"属性,并与 PLC 的数据进行一一对应,具体对应参见表 5-16。

表 5-16 通信参数对应配置表

PLC 参数	上位机组态参数	数据类型	意义
start	start	开关型	左直振启动
Stop	Stop	开关型	下料报警清除
up	lup	开关型	上极限传感器
down	down	开关型	下极限传感器
Left	Left	开关型	左极限传感器
Right	Right	开关型	右极限传感器
Front	Front	开关型	前极限传感器
behind	behind	开关型	后极限传感器
X-axis	X-axis	整数型	X 轴位置
Y-axis	Y-axis	整数型	Y 轴位置
Z-axis	Z-axis	整数型	Z 轴位置
Time	Time	整数型	时间设置

3. 温度控制器参数设置

设置通信频率为 500kbit/s,节点为 1。

4. 系统的连接调试

将系统在网孔板上均连接好之后,进行系统的连接调试。通过上位机组态界面控制变频器的具体运行。

四、理论知识

如何实现组态软件 RSView32 通信组态?

RSView32 可以和 PLC-5、SLC-500、MicroLogix 系列的处理器之间建立通信,同时也能和 Rockwell Automation 公司的新一代的产品 ControlLogix 5000 建立通信,其中所使用的网络层次可以是 Rockwell 公司的 ControlNet 网,ControlNet 网采用了生产者/客户(producer/consumer)的通信传输方式,大大提高了信息传送效率。这样 RSView32 站只需要在 ControlNet 上知道 ControlLogix 5000 的处理器名即可。对于目前版本的 RSView32,当它和 ControLogix 5000 处理器建立通信时,只能采用 OPC 或 DDE 方式连接,因为在直接驱动的连接方式中，不支持 ControlLogix 5000 这种处理器的类型。

RSView32 的通信组态，主要设置通道（Chennel）和节点（Node）。通俗地讲，设置通道就是设置 RSView32 与相应的处理器连接的方式、网络类型等；设置节点就是设置处理器的地址、类型等，通过设置通道和节点来确定 RSView32 具体和网络中的哪台处理器相连接。

基于工业生产过程中最常用的水箱液位控制系统，系统通道和节点的设置如图 5-46 所示。

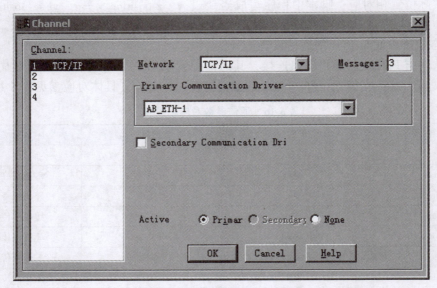

图 5-46　系统通道和节点的设置

在通道的对话框中我们主要设置网络类型（Network），这和要连接的处理器所连接的网络类型有关，可选的网络类型有：DF1、DH+、DH485、ControlNet 及 TCP/IP 等。这里我们选用"TCP/IP"。相应的主要网络驱动我们选择"AB_ETH-1"，这取决于在使用 RSLinx 组态网络时，用到的处理器所使用的驱动类型。

1）对于节点的设置，当数据源选用直接驱动时，各项的含义如下：

① 节点名（Name）：输入您自定义的可编程序控制器、网络服务器或 Windows 程序名。节点名可有多达 40 个大小写字母、数字、和下划线，不允许有空格。

② 通道（Chennel）：选择一个通道序号。该通道一定要经"通道"编辑器设置过。如果该通道未经设置，在下拉列表中会有〈Unassigned〉标志。

③ 站（Station）：键入通信通道内可编程序控制器的物理站地址。地址格式取决于该节点所用通道和网络类型。详细说明请参照可编程序控制器的有关文件，或是安装程序所带的帮助文件和用户手册。

如果您的计算机已经安装并运行了 RSLinx，请单击 RSWho 窗口，该窗口里将显示选定通道所连接的全部活动的 PLC 站。当您从 RSWho 窗口里选定一个站时，"站"和"类型"框将被自动填写。RSView32 用 PLC-5（增强型）替换所有 PLC-5 系列设备类型。如果您使用 PLC-5/10、5/12、5/15 或 5/25，请在"类型"框里选择 PLC-5。

④ 类型（Type）：选择您正在使用的可编程序控制器的类型。

⑤ 超时（Timeout）：键入在报告通信错误之前 RSView32 等待的秒数（0-65535）。通常

情况下三秒钟足够了。

因此，系统的节点设置（数据源为直接驱动）如图5-47所示。

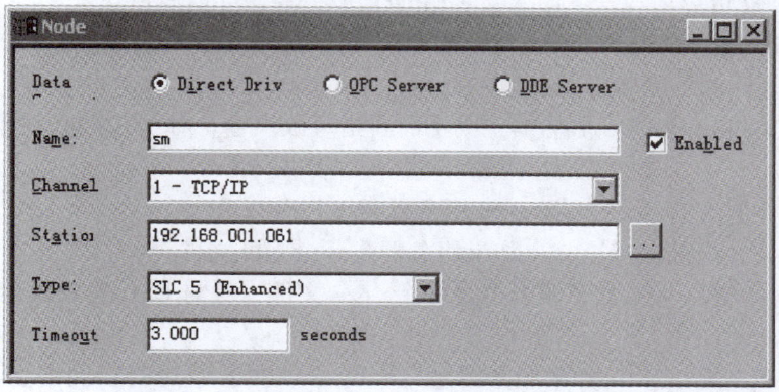

图5-47　系统的节点设置（数据源为直接驱动）

对于大多数本机和远程设备之间的通信，RSView32采用OPC或DDE连接。OPC（OLE for Process Control）使RSView32可以作为一个客户端或服务器，允许在不同的RSView32站以及其他OPC服务器之间进行点对点通信。RSView32使用标准或高级Advance DDE（动态数据交换）数据格式与DDE服务器（例如：Rockwell Software RSServer产品或其他第三方的服务器）和DDE客户端（例如：Microsoft Excel）通信。

2）当数据源选择OPC服务器（OPC Server），即使用OPC使RSView32作为一个客户端时，我们必须先打开RSLinx，选择OPC服务器与任何支持OPC的应用程序通信。OPC服务器可以是本机或远程网络（使用RSLinx建立OPC服务器请参阅前面章节）。对于节点的设置，当数据源选用OPC服务器时如图5-48所示，各项的含义如下：

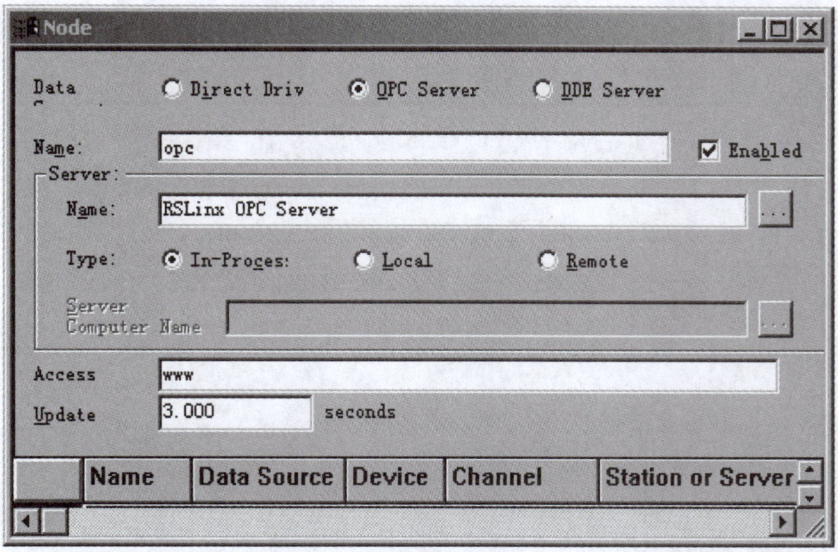

图5-48　系统的节点设置（数据源为OPC Server）

① 服务器名（Name）。单击服务器"名字"输入框旁边的浏览按钮"…"，并从已安装的服务器列表中选择一个服务器，RSView32 将自动填写余下的输入框，当然您也可以自己填写输入框。您可以填写一个尚未安装的 OPC 服务器，等以后再安装。

按下面的格式输入与 RSView32 通信的 OPC 服务器的名字：

〈厂商〉.〈驱动程序名〉.〈版本〉

如果用 RSView32 作 OPC 服务器，则不需要指定版本号。对于 RSLinx，您也不需要指定厂商名。

② 服务器类型（Type）。选择 OPC 服务器类型：

a) In-Proces（内部运行）——如果服务器是一个 .dll 文件。

b) Local（本机）——如果服务器是一个 .exe 文件，且与 OPC 客户机运行在同一计算机上。

c) Remote（远程）——如果服务器是一个 .exe 文件，且运行在网络上与 OPC 客户机相连的另一台计算机上。

③ 服务器计算机名或地址（Server Computer Name）。如果 OPC 服务器是远程的，则输入服务器计算机名或地址，或单击"…"，然后从列表中选择该服务器计算机。

④ 访问路径（Access）。如果知道的话就请指定 OPC 服务器的访问路径，否则就不填写。如果 OPC 服务器是 RSLinx，则访问路径是 DDE/OPC 主题名。如果 OPC 服务器是另一个 RSView32 站，则访问路径是加载到服务器计算机上的 RSView32 项目名。如果 OPC 服务器既不是 RSLinx 也不是 RSView32 站，请参阅 OPC 服务器文件中关于访问路径的语法部分。如果在"节点"编辑器里指定了访问路径，也就同时禁止使用"标记数据库"编辑器里的"OPC 地址浏览器"。

⑤ 更新速率（Update）。指定 OPC 服务器传送数据到 OPC 客户机的最大速率。默认值是 1s。OPC 服务器实际使用的速率可能比您指定的速率慢。键入 0 指定服务器使用最快速率。

3) 对于节点的设置，当数据源选用 DDE 服务器时如图 5-49 所示，各项的含义如下：

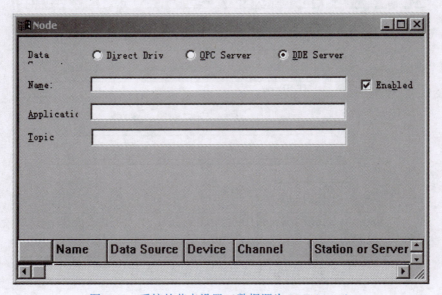

图 5-49　系统的节点设置（数据源为 DDE Server）

① 应用程序（Application）。输入 DDE 服务器名或其他将与 RSView32 通信的 Windows 应用程序，例如：Excel。

② 标题（Topic）。输入通信标题名。如果程序是 Excel，标题将是一个特定的 Excel 电子数据表。

五、拓展知识

1. Tags 和 Tag 库

Tag 是设备或内存中一个变量的逻辑名字。当需要时，当前 Tag 值可以由设备不断刷新。Tag 值被连接和存储到计算机的内存——数值表（Value Table）中，RSView32 的各个部件可以迅速存取它。

Tags 是社会化书签，是一种更为灵活、有趣的分类方式。用户可以为每个变量添加一个或多个标签，从而根据这些标签进行分类。Tags 可以说是动态、灵活的识别标。

在 Tag 库中，你可以定义或创建想要 RSView32 监控的 Tag。

2. Tag 的类型

RSView32 使用 Tag 的类型如下：

1）模拟量（Analog）：一个值的范围；这类 Tag 能够代表变量的状态，如：温度、压力、电压、电流和液位等。

2）数字量（Digital）：0 或 1；这类 Tag 仅能表示设备的开关状态，如：开关、继电器和接触器等。

3）字符串（String）：ASCII 字符串，或整个字（最多 82 个字符）；这类 Tag 能够代表使用文本的 Tag，如：条形码扫描器。

4）系统（System）：当系统运行时，产生的信息包括：报警信息、通信状态、系统时间和日期等。系统 Tag 是创建工程时系统自动创建的，用户只能使用它，不能编辑和删除它。（合理地使用系统的标签，可以很方便地建立动画界面。）

3. 数据来源

当你定义了数据的类型后，你必须指定数据的来源。数据来源决定 Tag 是从外部还是从内部接收它的值。

（1）设备　Tag 把设备作为它的数据来源时，它是从 RSView32 的外部接收数据。数据来自于 PLC 驱动程序或 DDE 服务器。以设备作为数据来源的 Tag 的数量，是根据你所购买的软件有所限制，如：150、300、1 500 点等。

（2）内存　Tag 把内存作为它的数据来源时，它是从 RSView32 的内部数值表（Value Table）中接收数据。内存 Tag 可以用作存储内部值。以内存作为数据来源的 Tag 的数量不受限制。

4. 关于 Tag 库编辑器

在工程管理器中，打开 System 文件夹，双击"Tag Database"，进入 Tag 库编辑器，如图 5-50 所示。

（1）使用表格（the Form）　表格是用来创建 Tag 的。在它的上半部分——Tag 框中，定义 Tag 的基本特征，如：Tag 的名称、类型、安全等级和指定跟 Tag 类型相关的内容；在它的下半部分——数据来源中，定义 Tag 值的来源。

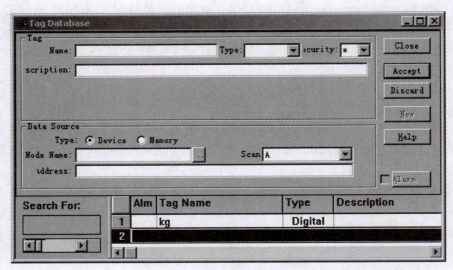

图 5-50 Tag 库编辑器

报警（Alarm）复选框用来为 Tag 定义报警状态。

（2）使用询问框（the Query Box） 询问框用来搜索你想要查找的 Tag，并把它们显示在扩展表格（the Spreadsheet）中。在键入 Tag 名时，可以使用通配符"？"、"＊"，格式如下："？-任何单个字符，""＊-任何多个字符（包括'\'）"。

（3）使用文件夹浏览器（the Folder Hierarchy） 文件夹浏览器是和扩展表格共同工作的。文件夹浏览器显示 Tag 文件夹，扩展表格显示文件夹中的 Tag。

六、练习

1. 理论题

1） 如何实现组态软件 RSView32 通信组态？

2） 什么是 Tags 和 Tag 库？Tag 的类型有哪些？

2. 实践题

1） 完成点胶机器人控制界面的制作。

2） 完成组态控制界面与 PLC 的通信设置。

任务 4　系统的通信及控制调试

一、教学目标

终极目标：掌握系统的通信及控制调试。

促成目标：

1） 上位机组态软件与下位机 PLC 之间通过 OPC 设备的方式进行通信的方法。

2） 对连在以太网上的上位机、下位机、变频器的设备进行联网综合调试。

二、工作任务

完成点胶机器人系统的通信及控制调试。

三、能力训练

1. 网络的规划

根据图 5-51 所示，系统采用星型结构，变频器、PLC、PC 同时连接到以太网交换机上。

2. 网线连接

压三根带有水晶头的普通网线，分别把 PLC、PC、变频器连接到交换机上。

3. 变频器的参数设置。

（1）变频器的选择

1）变频器的选型要求

① 变频器与 PLC 之间的通信采用以太网通信接口。

② 变频器与水泵之间的配合主要依据额定相电流。

图 5-51 硬件接线示意图

2）对变频器进行选型。本系统采用三相电动机，其额定参数见表 5-17，对应选择的变频器的型号及参数见表 5-17。其主要的配合参数为额定相电流，要求变频器的相电流略大于电动机的相电流。

表 5-17 水泵、变频器参数表

名称	类型名称	电压类型	额定相电流	额定功率
电动机	交流电动机 X/Y/Z	380V/三相	1.2A	220W
变频器	22B-D1P4N104	480V/三相	1.4A	370W

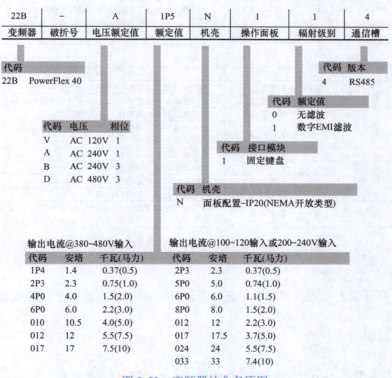

图 5-52 变频器的命名原则

(2) PowerFlex 40 变频器主要的命名原则　变频器的命名原则如图 5-52 所示。

(3) 变频器接线　变频器与电动机接线如图 5-53 所示。

(4) 变频器的设置

1) 变频器的数字显示界面如图 5-54 所示。

2) 参数的具体设置如图 5-54 所示。

3) 采用网络控制的方式的具体参数设置。分别把 P038、P036 分别设置成 5、5。即启动和频率都采用网络控制的方式。

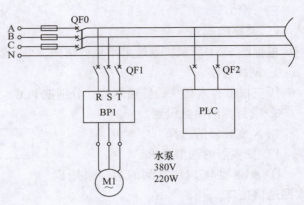

图 5-53　变频器的接线电路

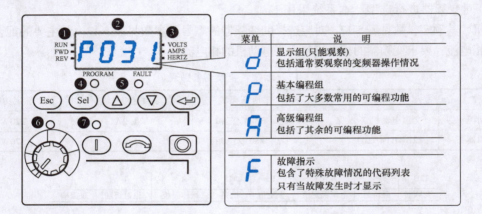

编号	LED	LED状态	说　明
❶	运行/方向状态	稳定红色	指明变频器正在运行及电动机运行方向
		闪烁红色	变频器被命令改变方向,当减速到零时指明实际电动机方向
❷	数字显示	稳定红色	表明参数编号,参数值,或者故障代码
		闪烁红色	单一的数字量闪烁指明数字可以被编辑,所有的数字量闪烁指明处于故障情况
❸	显示单位	稳定红色	指明显示的参数值单位
❹	编程状态	稳定红色	指明参数值可以被改变
❺	故障状态	闪烁红色	指明变频器出现故障
❻	电位计状态	稳定绿色	指明数字键盘上的电位计动作
❼	启动键状态	稳定绿色	指明数字键盘上的启动键动作。除非参数A095[禁止反向]被设为禁止,否则反向键可以动作

图 5-54　变频器的数字显示界面

4. 系统调试

将系统在网孔板上均连接好之后,进行系统的连接调试。通过上位机组态界面控制变频器的具体运行。

四、理论知识

如何建立 OPC?

1) 选择 New Data Server,选择 OPC Data Server,如图 5-55 所示。

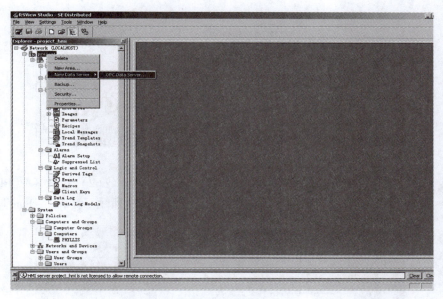

图 5-55 选择 OPC Data Server

2）选择一个 OPC Data Server 的类型，我们选择"RSLinx Remote OPC Server"，如图 5-56 所示。

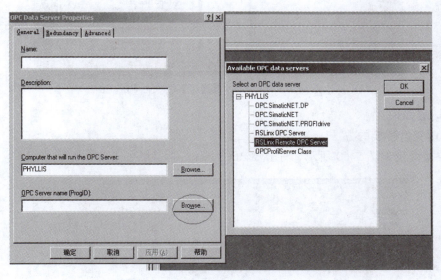

图 5-56 RSLinx Remote OPC Server

3）从下拉菜单中选择 RSLinx，如图 5-57 所示。

图 5-57 选择 RSLinx

4）连接 OPC，如图 5-58 所示。

图 5-58 连接 OPC

5）使 PLC 名称与右面窗口的对应模块相对应，选择 CPU（L62）模块。使 PLC 与模块互相选择，这样 RSLinx 可以连接到相关的 PLC 上，如图 5-59 所示。单击"Done"。

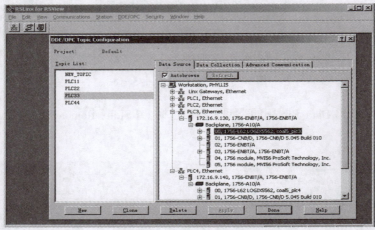

图 5-59 RSLinx 可以连接到相关的 PLC

五、拓展知识

1. 实现变量替换的方法

1）替换变量如图 5-60 所示，右击"Tag Substitution"。

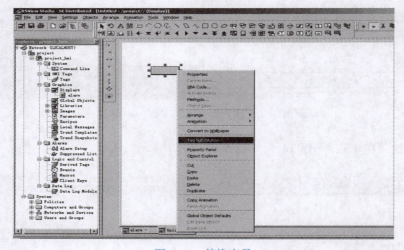

图 5-60 替换变量

2) 在"Search for"框输入被替换的变量"a1",在"Replace with"框输入要替换成的变量"b1",单击"Replace"按钮。当有提示出现的时候选择"Replace All",这样变量就替换成功,如图 5-61 所示。

2. SCADA 系统的发展及应用

SCADA（Supervisory Control and Data Acquisition）系

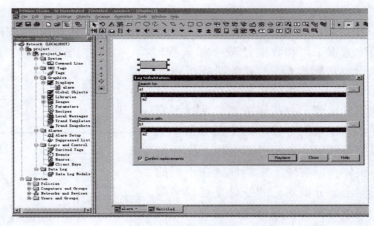

图 5-61　变量替换成功

统,全名为数据采集与监视控制系统。SCADA 系统自诞生之日起就与计算机技术的发展紧密相关。SCADA 系统也在不断发展迭代。

第一代是基于专用计算机和专用操作系统的 SCADA 系统,如电力自动化研究院为华北电网开发的 SD176 系统以及日本日立公司为我国电气化铁道远动系统所设计的 H-80M 系统。这一阶段是从计算机运用到 SCADA 系统时开始到 20 世纪 70 年代。

第二代是 20 世纪 80 年代基于通用计算机的 SCADA 系统,在第二代中,广泛采用 VAX 等其他计算机以及其他通用工作站,操作系统一般是通用的 UNIX 操作系统。在这一阶段,SCADA 系统在电网调度自动化中与经济运行分析、自动发电控制（AGC）以及网络分析结合到一起构成了 EMS 系统。第一代与第二代 SCADA 系统的共同特点是基于集中式计算机系统,并且系统不具有开放性,因而系统维护、升级以及联网困难。

20 世纪 90 年代按照开放的原则,基于分布式计算机网络以及关系数据库技术的能够实现大范围联网的 EMS/SCADA 系统称为第三代。这一阶段是我国 SCADA/EMS 系统发展最快的阶段,各种最新的计算机技术都汇集进 SCADA/EMS 系统中。

第四代 SCADA/EMS 系统的基础条件已经诞生。该系统的主要特征是采用 Internet 技术、面向对象技术、神经网络技术以及 JAVA 技术等,继续扩大 SCADA/EMS 系统与其他系统的集成,综合安全经济运行以及商业化运营的需要。

SCADA 系统在电气化铁道远动系统的应用技术上已经取得突破性进展,应用上也有迅猛的发展。由于电气化铁道与电力系统有着不同的特点,在 SCADA 系统的发展上与电力系统的道路并不完全一样。在电气化铁道远动系统上已经成熟的产品有由我所自行研制开发的 HY200 微机远动系统以及由西南交通大学开发的 DWY 微机远动系统等。这些系统性能可靠、功能强大,在保证电气化铁道供电安全,提高供电质量上起到了重要的作用,对 SCADA 系统在铁道电气化上的应用功不可没。

3. 硬件

SCADA 系统采用客户/服务器体系结构。服务器与硬件设备通信,进行数据处理和运算。而客户用于人机交互,如用文字、动画显示现场的状态,并可以对现场的开关、阀门进行操作。硬件设备（如 PLC）一般既可以通过点到点方式连接,也可以以总线方式连接到服务器上。点到点连接一般通过串口（RS232）,总线方式可以是 RS485、以太网等连接方式。

4. 软件

SCADA 由很多任务组成，每个任务完成特定的功能。位于一个或多个机器上的服务器负责数据采集和数据处理（如量程转换、滤波、报警检查、计算、事件记录、历史存储、执行用户脚本等）。服务器间可以相互通信。有些系统将服务器进一步单独划分成若干专门服务器，如报警服务器、记录服务器、历史服务器、登录服务器等。各服务器逻辑上作为统一整体，但物理上可能放置在不同的机器上。分类划分的好处是可以将多个服务器的各种数据统一管理、分工协作，缺点是效率低，局部故障可能影响整个系统。典型的 SCADA 硬件配置图如图 5-62 所示。

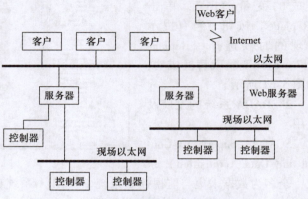

图 5-62　典型的 SCADA 硬件配置图

5. 通信

SCADA 系统中的通信分为内部通信、与 I/O 设备和外界的通信，SCADA 通信结构如图 5-63 所示。客户与服务器间以及服务器与服务器间一般有三种通信形式，即请求式、订阅式与广播式。设备驱动程序与 I/O 设备通信一般采用请求式，大多数设备都支持这种通信方式。SCADA 通过多种方式与外界通信，如 OPC，一般都会提供 OPC 客户端，用来与设备厂家提供的 OPC 服务器进行通信。因为 OPC 有微软内定的标准，所以 OPC 客户端无需修改就可以与不同的 OPC 服务器进行通信。

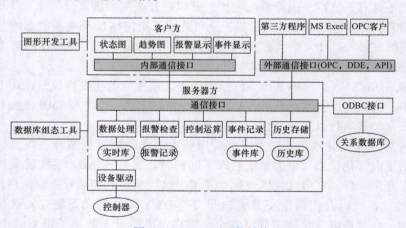

图 5-63　SCADA 通信结构

六、练习

1. 理论题

1）如何建立 OPC？

2）如何实现变量替换？

2. 实践题

1）完成变频器的选型、接线和参数设置。

2）完成通过上位机组态界面对变频器的运行控制。

附录

附录 A　MCGS 支持的硬件

作为一种方便、有效的通用工控软件，MCGS 组态软件提供了国内外各种常用的工控设备的驱动程序。经过长时间的努力，MCGS 已经支持数据采集板卡、智能模块、智能仪表、PLC、变频器、网络设备等七百多种国内外众多常用设备。

一、MCGS 的功能特点

1）全中文可视化组态软件，简洁、大方，使用方便灵活。
2）完善的中文在线帮助系统和多媒体教程。
3）真正的 32 位程序，支持多任务、多线程，运行于 Win95/98/NT/2000 平台。
4）提供近百种绘图工具和基本图符，能快速构造图形界面。
5）支持数据采集板卡、智能模块、智能仪表、PLC、变频器及网络设备等。
6）支持温控曲线、计划曲线、实时曲线、历史曲线及 XY 曲线等多种工控曲线。
7）支持 ODBC 接口，可与 SQL Server、Oracle、Access 等关系型数据库互联。
8）支持 OPC 接口、DDE 接口和 OLE 技术，可方便地与其他各种程序和设备互联。
9）提供渐进色、旋转动画、透明位图、流动块等多种动画方式，能达到良好的动画效果。
10）上千个精美的图库元件，保证快速地构建精美的动画效果。
11）功能强大的网络数据同步、网络数据库同步构建，保证多个系统完美结合。
12）完善的网络体系结构，可以支持最新流行的各种通信方式，包括电话通信网、宽带通信网、ISDN 通信网、GPRS 通信网和无线通信网。

二、MCGS 主要支持的设备

1）采集板：康拓、研华、中泰、研祥、同维、华控、艾迅、华远、科日新、双诺。
2）PLC：富士、三菱、松下、GE、LG、AB、莫迪康、欧姆龙、西门子、台达、和利时。
3）智能仪表：昆仑天辰、浙大中控、日本岛电、厦门宇光、香港虹润、香港上润、霍尼韦尔、欧姆龙、欧陆、东辉大延、横河、天瑞麟、亚特克、英华达。
4）智能模块：昆仑海岸、研华、磐仪、威达、研祥、中泰、牛顿。
5）称重仪表：托利多、志美 CB920。
6）变频器：伦茨、西门子、AB、华为、台达。

MCGS 组态软件与硬件的连接是非常简单易行的，首先，将所选用的硬件连接好，然后使用 MCGS 组态软件中的设备管理器，选择相应的设备驱动，根据该驱动所连接的帮助，可以进行设备组态，实现用户所要求的功能。

附录 B　MCGS 编辑菜单一览表

菜单名	图标	对应快捷键	功能说明
撤消	↺	Ctrl + Z	取消最后一次的操作
重复	↻	Ctrl + Y	恢复取消的操作
剪切	✂	Ctrl + X	把指定的对象删除并复制到剪贴板
拷贝	📋	Ctrl + C	把指定的对象复制到剪贴板
粘贴	📋	Ctrl + V	把剪贴板内的对象粘贴到指定地方
清除	无	Del	删除指定的对象
全选	无	Ctrl + A	选中用户窗口内的所有对象
复制	无	Ctrl + D	复制选定的对象
属性	🔲	F8, Alt + Enter	打开指定对象的属性设置窗口
事件	无	Ctrl + Enter	打开指定对象的事件设置窗口
插入元件	无	无	在用户窗口或工作台中插入元件
保存元件	无	无	保存用户窗口或工作台中对应的元件

注：MCGS 中拷贝和复制是两个不同的菜单功能。

附录 C　MCGS 查看菜单一览表

菜单名	图标	对应快捷键	功能说明
主控窗口	🗔	Ctrl + 1	切换到工作台主控窗口页
设备窗口	🗔	Ctrl + 2	切换到工作台设备窗口页
用户窗口	🗔	Ctrl + 3	切换到工作台用户窗口页
实时数据库	🗔	Ctrl + 4	切换到工作台实时数据库窗口页
运行策略	🗔	Ctrl + 5	切换到工作台运行策略窗口页
数据对象	🔲	无	打开数据对象浏览窗口
对象使用浏览	无	Ctrl + W	打开对象使用浏览窗口
大图标	🔳	无	以大图标的形式显示对象
小图标	🔳	无	以小图标的形式显示对象

(续)

菜单名	图标	对应快捷键	功能说明
列表显示	▦	无	以列表的形式显示对象
详细资料	▦	无	以详细资料的形式显示对象
按名字排列	无	无	按名称顺序排列对象
按类型排列	无	无	按类型顺序排列对象
工具条	无	Ctrl + T	显示或关闭工具条
状态条	无	无	显示或关闭状态条
全屏显示	无	无	屏幕全屏显示
绘图工具箱	▦	无	在用户窗口中打开或关闭绘图工具箱
绘图编辑条	▦	无	在用户窗口中打开或关闭绘图编辑条
设备工具箱	▦	无	在设备窗口中打开或关闭设备工具箱
策略工具箱	▦	无	在策略窗口中打开或关闭策略工具箱
注释显示	▦	无	在策略窗口中显示或隐藏注释

附录 D　MCGS 排列菜单一览表

菜单名	图标	对应快捷键	功能说明
构成图符	▦	Ctrl + F2	多个图元或图符构成新的图符
分解图符	▦	Ctrl + F3	把图符分解成单个的图元
合成单元	无	无	多个单元合成一个新的单元
分解单元	无	无	把一个合成单元分解成多个单元
最前面	▦	无	把指定的图形对象移到最前面
最后面	▦	无	把指定的图形对象移到最后面
前一层	▦	无	把指定的图形对象前移一层
后一层	▦	无	把指定的图形对象后移一层
左对齐	▦	Ctrl + 左箭头	多个图形对象和当前对象左边对齐
右对齐	▦	Ctrl + 右箭头	多个图形对象和当前对象右边对齐
上对齐	▦	Ctrl + 上箭头	多个图形对象和当前对象上边对齐

（续）

菜 单 名	图 标	对应快捷键	功 能 说 明
下对齐		Ctrl + 下箭头	多个图形对象和当前对象下边对齐
纵向等间距		Alt + 上箭头	多个图形对象纵向等间距分布
横向等间距		Alt + 右箭头	多个图形对象横向等间距分布
等高宽		无	多个图形对象和当前对象高宽相等
等高		无	多个图形对象和当前对象高度相等
等宽		无	多个图形对象和当前对象宽度相等
窗口对中		无	多个图形对象和当前对象中心对齐
纵向对中		无	多个图形对象和当前对象纵向对中
横向对中		无	多个图形对象和当前对象横向对中
左旋 90°		无	当前对象左旋 90°
右旋 90°		无	当前对象右旋 90°
左右镜像		无	当前对象左右镜像
上下镜像		无	当前对象上下镜像
锁定		Ctrl + F7	锁定指定的图形对象
固化		Ctrl + F6	固化指定的图形对象
激活	无	Ctrl + F5	激活所有固化的图形对象
转换为多边形		无	转换为多边形构件

参 考 文 献

[1] 钱晓龙. ControlLogix 系统组态与编程——现代控制工程设计 [M]. 北京：机械工业出版社，2018.
[2] 王淑红. 工控组态软件及应用 [M]. 北京：中国电力出版社，2016.
[3] 何文雪，刘华波，吴贺荣. PLC 编程与应用 [M]. 北京：机械工业出版社，2010.
[4] 郑阿奇. 罗克韦尔 PLC 应用技术 [M]. 北京：电子工业出版社，2013.
[5] 姜建芳. 西门子 WinCC 组态软件工程应用技术 [M]. 北京：机械工业出版社，2016.
[6] 刘文贵，刘振方. 工业控制组态软件应用技术 [M]. 北京：北京理工大学出版社，2011.
[7] 吴孝慧，鹿业勃. 工业组态控制技术 [M]. 北京：电子工业出版社，2016.
[8] 王冰玉，李小娟. 可编程控制器应用技术 [M]. 郑州：黄河水利出版社，2016.
[9] 田华. 可编程控制器应用技术项目化教程 [M]. 西安：西安电子科技大学出版社，2017.
[10] 汤旻安. 现场总线及工业控制网络 [M]. 北京：机械工业出版社，2018.
[11] 李荣雪. 焊接机器人编程与操作 [M]. 北京：机械工业出版社，2013.
[12] 张明文. 工业机器人基础与应用 [M]. 北京：机械工业出版社，2018.